U0075932

台北小吃札記

舒國治 著

目次

台北縣、基隆市

附錄

中南部等外縣市

自序——品嚼小吃，寶愛台北

自美返台十六年，至今沒在家開過伙，三餐皆外食也。多半時候，又是獨自一人用餐，不易進菜館、餐廳，只是在攤子、小肆、騎樓下等隨處坐下，速速吃完。久而久之，發覺此等小店所製食物多有大菜館比不上者；實則大館子近二、三十年早有頹唐之勢，朋友間聊起，皆有每欲宴客，左思右想不得一館之嘆。此本台北社會在生活上愈發老化之象，有識者早可見之，且不細說。小吃者，只繫乎店家三兩人之用心操力，較易掌控，故此中不少小店一開數十年猶能保持水平。

探覓之樂

本來小吃與一個市鎮的古老聚落總是有著幾乎絕對的關係，故而你在那些區塊蹓𨄅，常常會瞥及有意思的景象，如古老的業作，笨拙而陳舊的店面擺設，甚至古老而略顯痴騃的人種等等，其中尙有一項，便是舊時風意的製吃景象。

我正是爲了「張望」，才去不斷的探街訪巷，而終至看到了有趣的小吃（如南機場的「推車燒餅」。會製此種風味，確與此聚落有淵源）。而小吃由探看而終獲得一吃，常是更加之樂。這就像在巷口乍見有煙汽，進入一探，是麵攤，便生了一吃的濃興。

便因有此探覓之樂，我始終無意察看報紙、雜誌、美食手冊等這些旁人已整理出的資料。主要它會攪亂這個已然不甚清美城市猶可能獲得之不經意美感（且看其編排之密麻與用盡方法堆砌店家數量），更別提擔憂他們過分吹噓或選項總傾向庸俗等……。

如何評斷其好

小吃一家又一家，你怎麼知道進哪一家？

好問題。我的回答是：目測。

是的，用眼睛瞧。往往好吃的東西，從看它的模樣便已八九不離十了。像基隆廟口，攤家多不勝數，賣豬腳的攤亦不少，我卻會注意到十九號攤（晚上開），乃他的豬腳看來就像好吃的。繼而湊近看他的滷肉飯，更佳，坐下一吃，從此便無數次的吃上了。永樂布市對面的「清粥小菜」，外觀根本不起眼，但我覷到他青菜頗有好模樣，也坐下吃，亦從此吃上了。

金華街的「燒餅油條」、水源市場甘蔗汁、南機場推車燒餅、歸綏街粥飯小菜，甚至延平北路「汕頭牛肉麵」，我全是用眼看來的，也皆沒出錯過。並且據飽讀食書的朋友說起，前面提到的不少店，美食類書冊竟然甚少著錄。

另就是，我只是吃，儘量不與店家攀談，也絕不認爲問出他的歷史、他的製作秘法、他的創業甘苦談等，便更有把握替他高明的料理找出依據。

我不問這些。

很多時候，你知道了他的背景，卻他後來退步了，更徒增你下筆評談其食物之尷

尬。何必呢？更主要是，好吃便是好吃；若說得天花亂墜，往往更離好吃有一段路。

另就是，你且觀察：做得好的店家，很少開口的；喜歡蓋的呢，則所製常見仁見智。

說來說去，我只能以我個人的口嘗為準，只能如此而已。

小吃是台北好

最近有朋友自上海返，言及上海雖餐館、弄堂點心皆豐，甚至外國菜亦多，但隨意坐下張口就吃，老實說，比不上台北。

內行哉斯言。

台北若有個三、五十處你滿意的吃東西地方，分布在東南西北各區裏，除了能充當早中晚三餐吃飽肚子外，他如想到喝一杯甘蔗汁或冬瓜茶，買一袋切好的西瓜、木瓜或蓮霧，吃一張蘿蔔絲餅，吃一碗蚵仔麵線，捏著一個水煎包或烤番薯在路上邊走邊吃，坐下喝一碗鹹粥或米粉湯，甚至半夜吃燒餅油條豆漿或清粥小菜，凡此等等，皆能左右逢源；若再加上交通輕便（近年已不塞車了）、人衆不擠、深夜亦有諸多優勢，此情此境，太多的城市根本沒得比。

上海一來有交通之問題（東到西，四、五十公里，不知塞車塞到何時），二來餐廳固不乏高明菜，但小吃參差不齊，且油的太油、鹹的太鹹，吃起來亦今日很好卻明天不行，起伏極大，往往頗費神。但上海的人家家中的菜倒是極好，這是台北家庭幾十年來自詡工商忙碌後再也不堪恢復的佳良吃飯傳統。

小吃雖然是台北好，但眞正要供應兩百多萬人吃得舒服、吃得周全豐美，老實說，台北市目前還差得遠。怎麼說呢？便是有太多的東西有人想吃，卻不見有人在做在賣；或是，即使有賣卻做得極爲不堪。

好小吃仍有空間

這類例子隨手可舉：蔥花麵包，坊間沒有一家能入口的。若有一個年輕人，不想再忍受辦公室同僚之難以共事，決心每天烘三百個蔥花麵包，每個底部皆酥脆，面上牛油與蔥花皆如絕配，又油香且鹹鮮，同時所有之材質皆是原物，不胡擱添加物，麵包表面也絕不刷那一層亮光光的陋習糖油（看官常察看坊間麵包店，便知我意），這樣的小生意，若中規中矩，或許每天下午三點出爐，六點便全數賣完。再如主婦每日中午將精心調製的五十個便當拿到公園賣，半小時賣完回家，這皆是我所謂「理想的行業」，更別說對社會之貢獻了。

便當，台北一天要賣出不知多少萬個；但眞正像媽媽有愛心的配好了極富巧思的菜放進去者，毫不油膩又毫無職業噁心相者，能找到一個嗎？他如寧波菜飯，台北有售之店並不很多。且大多製得極劣，製得稍好者，如「秀蘭」，動輒曰賣光。菜飯根本適合一店專售一味，一天只賣幾鍋；來買者皆自備鐵鍋來盛。

又麵疙瘩亦是。台北舉目盡是牛肉麵店，煩不煩啊，大夥可能也想吃點別款麵食吧。若有人一天賣個五大鍋，即使只是最起碼的白菜肉絲，一碗四十元，別像牛肉麵一碗要一百三、四十元，照樣一天賣上個二百碗什麼的。

以上所舉，皆是一人可擔之業，又是獨售一味，最於人群有利，甚至亦最環保；台北可賣的小吃，極多極多，空間仍大，但看有心人如何從事罷了。

發掘小吃，實也爲了發掘台北之美；你且觀察，凡製得好小吃之店家，其人之模樣、笑容也皆比較明亮燦爛。又吃小吃，也爲了參與眞實的人生；即是，吃現場做出的東西。而避吃便利商店或速食連鎖店的「已製成食物」，算是略盡一絲環保之綿薄。我寧可把錢付給當場現做的小攤而不是大工廠，一如我看電影寧可把錢貢獻給一千多個位子的大戲院而不是分隔成多間的小廳；爲了希望多延長些他們的壽命。

最貼心的城市——台北

事實上台北之好，主要是人與人的關係最密切，人對於別人的需要，亦最了解；甚至可以說，台北是人情最溫熱，最喜被照拂也最喜照拂別人的體貼之城。有人旅居國外久了，返抵國門，甫下飛機，原本牙疼的，剎時不疼了，因他知道台北有幾十個朋友會提供牙醫的訊息。他已然心安了。甚至一出機場，他就感受到一股溫潤的、說不出的、教他舒服信任的氣氛。

又有想拍片但資金猶沒著落的，這種例子在台北，大夥幫他出主意、幫他介紹，往往很熱心；而後來晤談者竟然很多，也皆和顏悅色，甚至有的一下便談成了。

小吃，亦呈現某種台北之體貼。是的，他固然也爲了賺錢，然他半夜還開著熱呼呼的大鍋米粉湯，這是一種對別人的樂意照拂，別的國家別的城市，不容易。

故而雖然台北的房子住得如此不舒服，城市的先天根基也弄成像是弱肉強食之劣質，甚至大夥皆深知台北是一個讓外地人很不容易旅遊的城市，但它依然是教人最舒服的地方。因爲人。

台北的人，才是它最大的寶藏。這些人，在六七十年代之交，開始懂得脫鞋光腳進客廳，家中地板擦得一塵不染；這或許是台北溫馨體貼之始。到了八十年代中期，工商更發達了，大夥積蓄更豐厚了，台灣人到了香港，已不能忍受他們商店工作人員的斬釘截鐵、即速成交、與冷漠。到了歐洲、美國，雖模樣有點鄉氣，卻出手還微微懂得一絲派頭，總囑自己不可太摳。這時期，便是台北溫馨體貼之成熟期。

台北小吃好，乃台北人情好

何以台北會孕育出這股溫馨體貼？

竊想與四十年代末期太多的各省人士遷徙流離、避居台島這一段歷史深有關係。乃他們必然最思珍惜這份好不容易才或許暫時得有的安樂，一年一年過去，大夥原本的互相倚靠終而更累聚成一種叫人情味的東西。

小吃亦如此理，因各方食物匯聚，撞擊出的口味自必豐富。然有些食物，也必須要有世故寬廣的城市方得容納。譬如「秦家餅店」所製的那種「乾烙式」蔥油餅，如此恪守舊制，如此細揉慢火烙，終弄到訂購者不斷；主要這是台北，一個老練世故的城市，外省文化之浸潤也深，故欣賞此種吃食之衆比較得以累成。吃上了，便一年年的累積往下吃，一晃，竟吃了二十年。若是在中南部，或撐個三年，或撐個五年，未必一逕開得下去。

小吃的佳美，透露出城市裏人的佳良；然而此種佳美，或因文明陋習之加速，亦不免有逐步凋零之可能；本書所談的幾十家佳店猶能屹立，且我樂意集成這本小冊子，一來或許還可供些老台北、新台北、來台北遊歷者（無論來自香港、大陸、日本或歐美）等，偶能有所參考；二來也可能激勵原已是佳店者愈做愈好、而將要新從事者能夠一洗陳腔、別出新裁。

此書中六十幾篇小文，集自《商業周刊》專欄，每周一篇，轉眼寫了一年又半。在此特別要謝謝孫秀惠主編，若非她勇於嘗試，疏懶如我，吃歸吃、晃歸晃，斷不會完成這樣一本小書來的。

一、汀州路康樂意包子

「康樂意」最好是**菜包**。這菜包是上海式的，亦即，不是素的。而是青江菜摻進一絲絲白花花的豬之肥脂。便這一味菜包，竟也被我評為全台最佳。每兩、三個星期我若起得早，總喜歡散步七、八分鐘來此吃它三、四個菜包；每年過年前，我會事先預定七、八十個菜包，請他次日蒸好、攤晾在竹籮上、待冷後裝袋，然後分送朋友，他們置於冰箱，初一至初五可隨時取出蒸食。

清晨進店，菜包上桌，取小碟，倒白醋，再擱一小匙辣椒醬，算是配色，也增些許辣氣，不加醬油，就這麼蘸包子吃。若胃口好，也常伴一碗**酸辣湯**。他的酸辣湯是一碗一碗現叫現做的。我是個麻煩客人，總囑「不放味精，油少，勾芡少」，他們即百忙之中，也皆樂意照做。

菜包之菜，青綠至極，一口咬下，見綠絲如韌，有人不禁會問：「這包的是雪裏蕻嗎？」當然不是，是青江菜。只是所有極綠之菜絞成細絲，皆很近雪裏蕻之質也。

菜包之外，尚有**肉包**、豆沙包，每種皆十二元，也皆極好。雖然我個人最鍾情菜包，乃它味最雋永，常吃亦不膩。深夜微餓，自冰箱取兩個來蒸，當想到綠油油的菜餡色澤幾欲浮透麵皮，「白裏透綠」，已是說不出的怡悅。

「康樂意」每天包出的包子，有一千多個，周六、周日約兩千個。其中肉包最多，約占一半。全是現包現蒸現賣，包的人是四、五位女士，也多半是鄰居與親戚，頗有一襲「社區合作社」感，此爲這店最美又難能可貴的風景。這些女士，服裝形貌看似臨時幫忙，卻一做做了一二十年。

「康樂意」也賣麵條（肉絲麵，排骨麵）、湯（青菜豆腐湯，蛋花湯）與餛飩。說起餛飩，原是他的招牌小吃之一，乃四十多年前的第一代掌櫃是溫州人，故其餛飩是大皺皮、全肉泥的「溫州大餛飩」。

台式小吃有一典型，便是一早（如六點半）便開，中午一過（如一點半）便收；略有一襲農業社會「日出而作」的味況。彰化那些有名的爌肉飯如此，台南的「現宰牛肉」、「虱目魚粥」如此，「康樂意」亦如此。

「康樂意」開在汀州路廈門街口，算是台北南區已很貼近河（新店溪）的那種老式住宅區小舖子，一來不在主要觀光線上（像西門町、東區、中山北路、永康街），故好事者不易迢迢奔來；比方說，日本遊客便甚少。二來門面亦很不引人注意，荒疏兮兮的，牆面貧素，絕無掛貼美食剪報那一套，亦絕不自己標榜什麼「五十年老店」（雖已近矣）之類陳腔，卻依然門庭若市，且客人多半是鄰居與舊識。

二〇〇五年十一月十四日

地點：汀州路二段四十六號（近廈門街口）
時間：早上七時至下午一時
休假：周一

二、延平北路汕頭牛肉麵

平日不看報不看電視，日前聽人說起台北舉辦網路票選牛肉麵，如火如荼。然台北的牛肉麵客應當各人有其多年所嗜，想不至受票選排名影響。

現在說一家「汕頭牛肉麵」，在延平北路三段，是台北牛肉麵衆家中最以清鮮取勝、你吃完最感輕少的一家小攤。而這小攤一開也開了三十七年矣。

某次與香港的藝術策展人朋友約於圓山捷運站，時當下午四點半，他說有點餓，然我知他七點半尚有飯局，便與他散步至「汕頭牛肉麵」，點了一碗「**原味**」（五十元）與一碗「**紅燒**」（七十元）。一吃，他大加讚賞，並謂「與平常台北的牛肉麵很不一樣」。

我知道他的意思；乃此店的湯頭，色較清亮，有椒香氣，有薑沖氣，亦有近似淺淺沙茶的藥香氣；簡言之，清鮮也。亞熱帶地區或許最適宜這般口味，華南口味，而不是坊間那些我們習以爲常的、視爲當然的、豆瓣醬風味的——牛肉麵。

一碗中，肉切得小塊小塊的，吃完，沒吃下太多肉，覺得猶有胃口，頗有吃擔仔麵的那種輕少感，似還能再吃些什麼。這種感覺最好。

麵湯裏，丟空心菜，與淺擱藥料的牛肉湯之香氣甚合，亦正宗也。若於冬季，則丟菠菜。

此店的**牛肉**、**牛肚切盤**，亦甚佳。

店家姓呂，父子兩代輪流照料。單看兩人笑容可掬，神色明爽，丟麵切肉，動作精準，便知是優質食舖（須知尋覓小吃最要是目測）；延平北路三段攤肆林立，你且目測，眞正優良出色者，不多。

對面有景化街，可能是大多台北市民從未聽過的一條街（不遠處的伊寧街亦是），走進去，有「景化公園」，古時爲楊氏老宅與園池，三十多年前捐地闢爲社區小公園。公園四面，有二樓連幢town house環繞，景致怡目亦微有巴黎馬黑區「佛日廣場」之袖珍清貧版本。

上次帶朋友散步至此，時近五時，黃昏幽靜，坐一下公園，便去吃「汕頭牛肉麵」開門的「頭湯麵」，最有意趣。

最近見他桌上筷筒裏放了些不鏽鋼筷，頗有環保觀念，良店也。

二〇〇五年十一月二十一日

地點：延平北路三段六十號
時間：下午五時至深夜十二時
休假：周日（有時再加休周六）

三、永樂布市對面「清粥小菜」

近年我常去京都（乃赴上海皆選擇在京都轉機，而避開總在港澳轉機之無聊）。而每次自京都返台，第二天一早必到這裏吃早飯。何也？京都蔬菜吃不到也。

台灣自早年便一直是吃蔬菜的天堂；飯桌上有了絲瓜外，照樣還可有瓠瓜，還可有刺瓜（大黃瓜）、有苦瓜；空心菜外，再加高麗菜，加地瓜葉，加鵝仔菜（A菜）等，皆不會感覺有何不妥，農家本色也，實亦美俗也。

然而亞熱帶地方要連吃蔬菜五種八種不會膩撐，必須製得不油。恰好台灣傳統上總是炒煮得湯湯水水的，其實最宜於熱天之胃納。而我，雖各國食物皆愛，但蔬菜一項，最喜台灣早年田家式之湯湯水水。即使今日流行之「新派烹調」、「中西兼融」，燴羊膝或烤春雞，它旁伴的蔬菜，我亦希望是台灣式的。

如今，做湯湯水水蔬菜的店，不知怎的，少了。莫非台灣拋卻農家生活習尙眞有這麼快？

這家沒有店名、只叫「清粥小菜」的店，至少還保存了這份舊日佳美風味。

我總是點了一碟**高麗菜**（二十元），再一碟**地瓜葉**（三十元）；一碟**刺瓜**（二十元），再一碟**瓠瓜**（二十元），有時或加一碟**花菜**（三十元），配著半碗白飯（五元）吃。如此一百元左右的早飯，比吃什麼都好。

便爲了這幾碟湯湯水水蔬菜，他這裏的虱目魚、荷包蛋、滷豆腐等太多太多早點中的小菜我從來沒試過。

原也愛點它的油條，囑不淋醬油，再叫一碟**紅燒冬瓜**，便以油條戳沾冬瓜的沙沫與醬汁，令這冬瓜的沙沙糊糊嵌進油條的蜂窩裏，嚼時外脆內綿，煞是好吃。去年胃患潰瘍，知所節制，油條便少吃了。

近年最迷的小菜，是刺瓜。一口嚼下，微微的酸綿，很特別的香味，與各種瓜梗類菜之酸氣皆不相同，卻又是最下飯的冤家。

即使是在京都雅淨的壽司吧吃生魚片壽司，八道十道吃完，中間倘能吃一、兩片炒煮得水爛的刺瓜，或七八莖炒煮得水爛的地瓜葉或高麗菜，或三五條芥菜梗子燒成的寧波烤菜，那會是多麼助於催化適才入口的鮮之至極的生魚啊！君不見，大夥吃著壽司，僅能偶一夾起蘿蔔切絲或醃紅薑來配，侷窄何似。

這店的飯，倘在煮前不下那一瓢沙拉油，便就更完美了。

此地當迪化街頭，老肆名攤照說環佈四周；然近年製食者粗使劣操，已然逐年式微，堪述者實不多。此「清粥小菜」多年來保持如此水平，的是不易。

台北吃規規矩矩的清粥早飯的店，剎那間，竟然找不到了。便因這樣，我從南區迢迢坐一趟六六〇公車，在塔城街下車，走到這裏，爲了什麼？爲了吃一頓三五碟蔬菜的農村社會極是起碼的早飯也。

二〇〇五年十一月二十八日

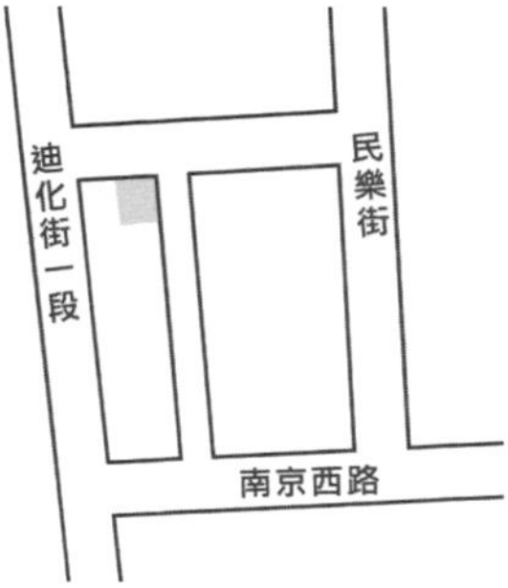

地點：南京西路二三三巷二十號
時間：早上六時半至九時半
休假：周日

四、泉州街林家乾麵

台灣吃食，傳統上與福州極有淵源；小者如麵攤上賣的小餛飩（稱「扁食」），或是鼎邊趖，大者則如宴會中的「桌菜」等是。主要福州人出外營生者頗多，即清末、日據時代亦有頻頻渡台打工之衆。

福州小吃在台灣最著者，爲福州乾麵。而福州乾麵的聚落，最有趣的，恰是分布在公家機關的外圍。所謂公家機關，便是今日所稱的「博愛特區」。故小時候吃福州乾麵，總感覺麵攤旁全是來來往往的公務員，倒像這乾麵、魚丸湯有一絲機關點心的意味。

後來公園路（外交部後）小吃攤拆散，接著交通部背後桃源街小吃攤亦雲消，終弄到福州乾麵像是更往南推移，成爲南門外的典型吃食了。

不錯，現在福州乾麵的大本營，是在南區；你在大稻埕吃不到。在士林、松山也吃不到。而南區最佳的店，是「林家乾麵」。

像許多傳統小吃一樣，一早六點即開，中午一點半便收，微有農業社會日出而作之味況。林家的**福州乾麵**（二十五元），拌麵的汁是白汁，麵相淨雅，深見品味。味亦醇正，不過濃過膩，當然也就不會過腥。桌上的黑醋，識者自會酌量調灑，不灑亦隨意，在此店斷沒有貼一布告教你如何加醋調味那一套。

它的**魚丸湯**（二十四元），自是包了肉餡的福州魚丸，尤其它的白色魚漿部分，軟度最佳，足見「林家」訂貨亦找對了行家（或許根本就是他們自家做的）；且看台北不少當著客人面自製自烹的魚丸店，味道亦勝不了林家。

尚賣一味**蛋包湯**，便如此而已。兩種湯，一種麵，再加幾種小菜。便是如此單純，方能保持多年的優良水準。小菜以清燙後調醬製成冷碟，也富清雋之見地，與「白汁」的乾麵恰好成爲絕妙的對仗。只是茎藍絲一碟稍大，一人吃（甚至兩人吃），總沒法吃完。又清燙後置涼的秋葵，最受我愛，然台灣現成的醬油膏實在不靈，倘尚未製出自家的佳醬，還不如索性啥醬也不加的端上，或還更美味些。

林家的餐具用白瓷碗碟，絕無以塑膠器皿盛麵盛湯之舉，此又見品味處也。有一次我見店家下麵所立處的後方，有一片以熱水蒸煮碗盤的設備，莫非碗盤在此以蒸汽消毒？總之這是一家從桌椅、地板、牆面等看去很注重乾淨的店。而這樣的店，即使百忙之中，你特別叮嚀勿放味精他也絕對替你辦到。不知道店家有否考慮過選用「要洗筷」，如象牙白塑膠筷或不鏽鋼筷，乃以他的潔淨與隨時有沸水麵鍋的形象，吃客絕對打心底信得過這種筷子。

林家如今是第二代，幾十年的老店了。原本開在泉州街頭以前大導演李翰祥（曾拍《梁山伯與祝英台》）六十年代開辦的「國聯」片廠前面，近二十年才搬至如今的地址。

說起國聯片廠，便是楊德昌《牯嶺街少年殺人事件》片頭兩小孩去看人拍片、後來被警衛驅趕、又隨手偷了手電筒的那個場景。大陸與香港的影迷來此，聽到這裏，竟然驚呼過癮，立刻取相機攝下，說是要回去炫人。

香港朋友來台，說喜歡吃麵，我一早帶來這裏，一吃，大驚豔，道：「哇，台灣吃麵太過癮了，不只是牛肉麵一味而已呢。」

二〇〇五年十二月十二日

地點：泉州街十一號
電話：2339-7387
時間：上午六時至下午一時半
休假：周一

泉州街林家乾麵

五、金華街燒餅油條

六十年代，留美華人返台，常聊到要吃燒餅油條。不錯，它是當年鄉愁的象徵。近一、二十年，飛機票不顯得那麼貴了，人們返台也頻了，甚至美國吃燒餅油條的地方也多了，更甚至永和的燒餅油條豆漿根本已不堪再提了，這諸多理由，造成「燒餅油條」這一份昔年鄉愁似乎可以拋開亦無所謂了；然則不可，以下這家您非得嘗嘗。

金華街上（杭州南路口向東走三四家），有一家小舖子，十年前稱「楊記」，如今沒樹招牌了，卻一大早排滿了等燒餅出爐的人群。

這家的燒餅是**菱形**的那種（有人索性叫「**三角餅**」），也即是麵勁比較綿膨，不同於油酥（如「永和」）式的。以此餅夾油條，外柔內脆，自古早便是迷人吃法，如士林的「大餅包小餅」，如北京街頭的「煎餅粿子」等是。

老楊久不做燒餅了，偶爾炸炸油條。這一陣子，油條也不炸了，自別處批來，卻絲毫不影響燒餅油條的佳味。如今做燒餅的年輕人姓李，做得一手好燒餅，應當說青出於藍。麵揉好，拉成長板，撒蔥花，把麵捲起，擀平。在撒芝麻前，會刷上一層薄薄的麥芽糖漿，故嚼起來鹹中帶甜，微有一絲所謂的「椒鹽」味，一口咬下，唾液完全分泌，便一口一口將它吃完。這是我買了邊走邊吃、還沒到中正紀念堂便把這套燒餅油條不配豆漿又不覺其乾的吃完之個人經驗談。

燒餅油條一項，全台北這店稱第一。

杭州南路以東的這一小段金華街，是老式外省小吃的聚集地；昔年的三輪車夫、今日的計程車司機皆習於在此停車歇腳。有名的「中原饅頭店」、「老朱水煎包」（

老朱還掌廚時，演員郎雄、氣象大師李富城皆愛他的包子）、「劉家餃子館」（賣「炒草帽麵」）、「廖家牛肉麵」等在焉。然最有風格的，是這家燒餅油條小舖。何種樣的風格呢？他開的時段很短，一早六點至八點半；有時九點來買，餅已賣光了。若問何不多賣些？唉，每片菱形燒餅需以手伸進熱烘烘火爐去貼，辛苦之極。這位李師傅，本人便甚有風格，看來雖有一身手藝，但原先似乎志不在此，極可能從前務過別業，如今一大早揮汗做餅，莫非暫時砥礪心性，以備後日之遠圖？而老楊從炸油條到不炸，亦必是不令自己太累；再加上另請一助手，端豆漿遞燒餅，如此三人小店，一天只賣三數小時，燒餅只能出個幾爐，卻也服務不少老饕，而所賺實不多，仍一逕開下去，如何不是最有風格的店？幾乎已有武俠小說中所言「風塵中小店」的況味了。

二〇〇五年十二月十九日

地點：金華街一一一之六號
時間：上午六時至八時半
休假：周日

六、內湖老張胡椒餅

胡椒餅，與福州乾麵一樣；一來同是福州傳來，二來皆是盛行台北南區之小食。

在南區，不管是萬華，或是南門市場，總有店稱這個「祖」那個「祖」的，再加上台大與永康街等頗多家胡椒餅攤俱各信心滿滿，像是很具字號之勢，但沒有一家比得上遠處東北郊外的這家店。

「老張」原先位於內湖路二段「內湖分局」對過，一年多前才遷來現址。

下午兩點半出第一爐，約賣到天黑便收。一天只做五、六爐，一爐約九十個，總共五百多個，絕不多做，算是極有風格的小店。

餅貼在爐壁上，烤七分鐘，便正好，可以撈鉗起來。所有的過程，由揉麵、包餡、沾芝麻、壓平、貼爐等皆極有條理。並且說來很巧，台北各家的胡椒餅業者不約而同對待這件行業皆很做到「條理化」，不論是羅斯福路溫州街口那家或是永康街十三巷口新開那家，或甚至「萬華戲院」旁那家老店。但「條理化」不見得幫助口味變美。老實說，我不算是胡椒餅的大fan，乃它裏面那一坨肉太巨大了，與麵皮的比例之下，我吃不了那種肉量。但太多個閒雲下午，我這裏經過吃一個、那裏經過又吃一個，吃了那麼多家，還是「內湖老張」做的最好。

老張的肉餡，不過肥，令人一個吃下，不感太膩。它的調味，亦比較中和，不特鹹也不特辛辣。並且蔥的比例也不過多，不至又衝（讀四聲）又澀。這是老張**胡椒餅**比較「現代化」的優點。

胡椒餅體形圓鼓鼓的，很討喜，教人很想咬上一口。許多攤子我皆想嘗，但心想最好只吃它的外殼，肉餡則免了。然不可能。肉餡，是胡椒餅最致命的因素。而肉餡，又恰好是台北各家皆不臻高峰的一環，總是調味過甜過混雜，過於「阿諛」。故有心人若要進軍此業，只要在肉餡上下工夫，或許立刻便能獨領風騷。

便因豬肉太大一坨，賣四十元一個的攤子，大有人在。老張的一個賣三十五元。肉餡既大且重，以至出爐的胡椒餅有許多鼓突的圓形偏向一邊，甚至鉗起時，十個中倒有三五個破了洞，足見肉餡的問題頗值得店家們細細琢磨。

七、八十年代，台北的胡椒餅景，並不普遍。不知怎的，九十年代，它又重現江湖了。並且每家皆極其重視這件產業，不知蔥油餅業或蚵仔麵線業何時亦會如此？

搬到金龍路後，「老張」早上還加賣一種像黃橋燒餅的圓形酥餅，亦做得很好，不會像有些店製得過酥刮嘴。裹蔥的**鹹酥餅**與裹豆沙的**甜酥餅**，不僅是早點的恩物，也是很好的茶食。故我有時下午去買，見早上酥餅還有剩，反而酥餅買得多些而胡椒餅買得少些。爲了酥餅更能下茶也。

二〇〇五年十二月二十六日

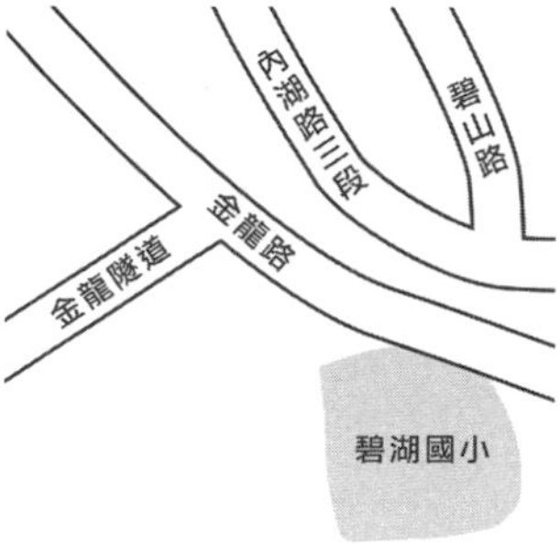

地點：金龍路一三四號
電話：8791-9017
時間：【酥餅】早上六時至十一時半
【胡椒餅】下午二時半至七時
休假：周一

七、雙連圓仔湯

吃冰，是童心的表現。君不見留學在外的學子與同學通信，說及吃冰，總恨不得立刻飛回台灣。又君不見小留學生回到台北，早已習於相約在永康街吃冰，如同他們對不甚熟悉的雙親老家之某種拜望儀式。

童心，最珍物也；年過五十，若還常常想到吃冰，應當暗自竊喜。其實我冰向來吃得不多，年輕已然；不知是否與少年拘謹有關。至若如今較樂意吃冰，或也在於年歲增長、人趨隨和吧。

「雙連圓仔湯」，原先在雙連街上，遷至民生西路才是最近的事。但它在這個區域已有五十年歷史，如今在湯水檯子後的是第三代。名喚「圓仔湯」，**圓仔**、**燒麻薯**等熱品是其招牌，糯米粉揉製得又細又彈勁得恰到好處，膾炙人口早不在話下。紅豆湯與花生湯這兩大甜湯，亦熬煮長時，粒粒燒得軟透，入口可化。而它的**刨冰**亦是極好。近年我每次站在琳瑯滿目配料前，紅豆綠豆花生薏仁，左思右想難以決定，終發展出教自己當下快速決定最簡單又最最想吃的一款：「**桂圓芋泥冰**」（五十元），並囑芋泥與桂圓皆少放一些，使整碗冰不至太甜膩。此店的芋泥，不同於我家寧波人八寶飯中芋泥那種以豬油炒拌過之滑香濃稠口味，而是純素的（此店一家人皆吃素已多年），與刨之極綿細的冰拌和在一起，紫泥中泛出冰的銀光，吃起來綿沙沙的；再加淋灑在其上的乾桂圓與桂圓糖汁，不僅更增其蜜甜，且咀嚼乾桂圓的彈勁，最是南國唇舌的至高享受。

這店桌椅明淨，已有新派經營店舖之思想；突想起京都名店「鍵善良房」的葛切，所謂夏天的記憶。「鍵善良房」座位極雅致，服務極細心，卻只是服務來客舒舒服服的吃上一碗蘸著黑糖蜜的冰品「葛切」（將葛研成粉，再製成透明粉條）。便此一味，居然風靡了多少異國赴京都的遊人。然台灣那麼多年過去，有沒有一家只專注做一味以手工搓洗出愛玉糊漿、繼而賣成品愛玉冰而照樣人人必來排隊吃它的小店？

當然沒有。雖然愛玉絲毫無遜於日本人的葛切。他們葛切蘸黑糖，我們的愛玉澆蜂蜜檸檬汁，各有迷人風味。

台灣的夏天恁長，是吃冰食的天堂。但奇怪的，六十年代流行的冰果室，式微了二十年，至少台北街頭只剩碩果僅存的幾家，如新生南路上的「台一」、金山南路上的「政江號」等，太多當年街角的冰果室，全被咖啡館取代了。我亦偶爾懷念小時吃冰之風情，這一剎那想到「四果冰」一味，而可否以四種今日有機的蜜餞如鳳梨乾（不製成過乾者）、楊桃乾、芒果乾、桂圓乾來加入冰中，吃客慢吃細嚼，審其韌勁、吮其甜黏，又啜著冰沙的脆爽，不亦美乎？

「雙連」已是台北冰店中最有新意經營一家，櫃前有一茶桶，人甜膩吃完，以茶蕩口，正好。

二〇〇六年一月二日

地點：民生西路一三六號
電話：2559-7595
時間：上午十一時至晚上十一時
休假：周一

八、歸綏街粥飯小菜

十年前，作家楊照某一次和我聊到，說我寫台北，總多偏南區；噫，旁觀者清，的確我是。實則北區我亦頗樂探看。近二十年北區愈發沒落，下午有時甚而顯得寂寥，正是台北最有趣的一處遊蕩區塊，小吃一項，亦甚豐富。

歸綏街近重慶北路口，有一家開了四十多年、沒有店名、只稱「清粥小菜」的「飯桌仔」（即今日「自助餐」的早年代形式），每日傍晚，人潮洶湧，對著二、三十樣小菜選自己要吃的。我常是其中一員。多半點**滷白菜**（二十元）、**芥菜**（十元）、**高麗菜**（十元），有時加一尾**肉鯽仔**（三十元）或**黃魚**（五十元），有時加一碟**紅燒肉**（二十元），就著半碗白飯（五元）吃。吃完，再採原路走個七八百公尺回捷運雙連站，乘車回家。

它的滷白菜，不擱肉皮，只擱魚皮與豆腐皮，稍晚些去，燉得較爛時，湯汁中不見一滴油絲，最清雋。我幾要說是北部各家售滷白菜中最佳者。冬日芥菜登場，此店每天要炒出好幾盤，有時菜才出鍋沒幾分鐘，常又要再炒。最盛時，一天賣上個六十斤的芥菜與七十斤的高麗菜，亦是常事。它的芥菜，梗子與葉子各佔一半，有時梗子還更多些，令許多「芥菜梗子迷」直呼過癮；由於是大鼎炒，火力旺，這炒芥菜恁是好吃。我有時還叫兩盤。

魚，亦有多味，皆頗鮮嫩，足見它是今日食材即烹成今日菜餚的忙碌店。這也是我常倡「優質小吃舖往往比綏滯不勤的大餐館更能製出新鮮菜餚」的理由。

它的紅燒肉，取「三層」（即皮、肥、瘦三段兼備，且瘦的部分最多），切成較細條，約當無名指之粗細，以醬油、蒜苗與蔥段同燒，滷燒得腴韌有勁，即使攜回家，與白飯拌和一道，像是權宜的滷肉飯，亦比大多的店所賣之滷肉飯尤多勝也。有時忽接電話，有朋友約喝紅酒，在此趕緊買上一袋，攜至友人家，居然在cheese、salami等眾味嚴選價昂酒食環繞中最受好評。常見一些老客人吃完飯，捧空碗至粥鍋前，自己取湯杓打一瓢浮在粥上的「粥油」，便這麼清喝，有一點像是清喉蕩齒之意。後來我也跟著試，哇，太好了，甚是香潤，結果每一次皆不如此不可矣。

這種優勢，也惟有大鍋飯式的小舖子方得享有。誰說圍桌共食的粗陋外間不能過得王侯日子？

七十年代初，歸綏街、保安街猶是台北重要妓館區時，我們少年偶爾故意走經，既帶些好奇窺視，又須快步通過以免被阻，便這麼對這襲神秘的舊街風情有一絲淡淡的北里感受。

此店既在舊街區，食客不乏舊時模樣，老境頹唐者有之，卑微躬身者亦有之，而打扮入時仕女亦照樣樂於同桌而食，面毫無難色，我更樂坐其中，有時一周七頓。突想起明人袁中郎有文謂：人生至樂有五；至第四樂，已是最高境界，隨後不及十年，家產蕩盡，「托缽歌妓之院，分餐孤老之盤……五快活也」，噫，善哉其言，此風雅又一極致也。

風雅，吾不敢言，但若是老來潦倒了，弄到討飯了，那麼最好也能在此店門口來討，乃不僅環境深富風土意趣，更要者，菜好也。

二〇〇六年一月九日

地點：歸綏街一五八號
時間：上午十一時半至晚上十時
休假：不定。會事先寫於黑板。

歡迎臨停
隨意小吃
P

九、永康街口鼎泰豐

台灣餐館中，最聞名世界的，可能是「鼎泰豐」；然而它卻仍然是不折不扣的小吃店。

許多人有一錯覺：以爲「鼎泰豐」門前永遠大排長龍，加以國際客人極多，想必是一家進餐必須隆重、所費也必昂貴的「不簡單的館子」。若說價昂，這在十五年前，或許算是；如今的「鼎泰豐」，我要說它是最最輕鬆又價格也甚中肯的鄰家小吃舖呢。請言其詳。

我常下午二點半進店，已無隊伍，直上二樓，點**紅燒牛肉湯麵**、**泡菜**，呼嚕呼嚕吃完，所費不過一百六十元。有時晚上與三個朋友登樓，除必點上述二味外，加**小籠包**（一百七十元）、**菜肉蒸餃**（一百六十元）、**蝦仁蛋炒飯**（一百五十元）、**炸排骨**（九十元）、**鮮肉粽子**（七十元）二個、**酸辣湯**中碗（一百二十元）、**小菜**（五十元），如此四人一頓飯吃下來，費一千零四十元，也不能算貴。近兩年，有幾樣食物，似乎故意不令漲價，教人幾乎要猜測店家有意回饋人群、服務社會了。

價格說過了，且說它的輕鬆度。你只是坐下，點菜，吃，便是了。完全沒有繁文縟節。完全沒有「故作高級感」。即使名流來此，亦是自然很謙遜的坐在小小擠擠的用餐空間裏。若你要放大包小包，服務生會取來一只帆布腳架，讓你擱包包或外套。若你嫌溼紙巾不利於擤鼻涕，她也會取來乾的餐巾紙。至若分麵與分炒飯的小碗與公筷，她本會自動送上。見你吃小籠包的薑絲漸稀了，馬上會問「要不要再來一碟」。「鼎泰豐」的服務與管理幾十年來便極準確又極是和顏悅色，並且絕不因服務太好而令你不輕鬆。

接下來再說味道。最受歡迎的小籠包每天要蒸出不知千百屜，又要數十年如一日的維持高水平，內涵湯汁又不易破，當然不容易；而「鼎泰豐」還眞做到了。「蒸籠類」是其招牌，樣樣精彩不在話下。甜點如**豆沙小包**、**赤豆鬆糕**、**八寶飯**等江南甜食，連上海、蘇州、杭州亦未必輕易吃到像它這麼整齊水平者。

我個人近年吃得較多的，是①紅牛湯麵：它用細麵，江南舊尙也。麵以Z字形屯置碗中，鋪排得最有規矩。它的湯頭，最有六十年代台北學生界流行「牛肉湯麵」時那種「南方紅燒」之口味；亦即比較「紅」而比較不「黑褐」。如今此種「紅」之口味僅此一家得嘗，別店吃不到矣。碗內不擱青菜，或爲了「純麵」之意念。倒是蔥花撒得恰到好處，且選蔥之品種亦極講究。至於點「湯麵」而非「紅燒牛肉麵」，乃爲了少攝取大塊牛肉也。②泡菜：此店由於各環節皆精密又乾淨，故連泡菜的每一片高麗菜葉亦教人感到像是一片片洗淨泡製的。端上時，頂上常擱一絲紅椒，細節精緻至此。表面上，一碟泡菜五十元，似不算便宜，但尋常麵攤的小菜，三十元一碟，常多劣製，又何廉之有？有時感冒初癒，想令口中生出吃飯的胃口，便買一份外帶泡菜，返家慢慢咀嚼，嚼出了酵素般涎液，口裏算是有滋味了，這時便能有胃口吃稀飯了。泡菜佳物如此，區區五十元（不久漲爲六十元），卻惠人何深。③小菜：名喚「小菜」，實是此店最經典的「僅此一碟」菜，故曰小菜。其實是「四味集錦」，即**豆干絲**、**綠豆芽**、**海帶絲**、**粉絲**四味合拌，亦五十元，卻是人人愛點的爽口涼菜。爽口，乃它的醋酸、醬油之鮮、與淡淡的油蘊再加上薄甜，令它滋味最是迷人。這兩年，豆干吃得少了，眞希望「鼎泰豐」這盤絕活「小菜」中豆干絲的量減去三分之二，塡以等量的苤藍（大頭菜）絲或芥菜梗切絲，那便更理想了。④蝦仁蛋炒飯：坊間蝦仁總教人憂慮硼砂，這裏令人放心，故在台灣已極少吃蝦仁（也極少吃雞）的我，總是在鼎泰豐的那盤蝦仁蛋炒飯中，才大量的吃蝦仁。更別說蝦與蛋與飯之合炒一鍋時的那股相互絕配的鮮之至矣美味了。

二〇〇六年一月十六日

十、鼎泰豐新推出炸醬麵

寫此「商周」專欄，轉眼已是一年。有時心中沉吟，是否有些店家值得再提一筆？確實有也。便是「鼎泰豐」。

倒不是要強調「鼎泰豐」的小籠包多麼皮薄汁鮮、服務多麼細心體貼、店堂多麼乾淨食客多麼欣喜、找錢必用新鈔等等大夥早知之深矣的諸多特色，無需也；而是要告知看官「鼎泰豐」添了新菜。

須知鼎泰豐如此老店，每增加一款新品，該是多麼慎重之事；而今年居然多了好幾樣東西。

原本小菜中增添了**滷水花生**與**烤麩**已有好一陣子，倒不忙著去提；今天說什麼也不能不提的，是那碗**炸醬麵**。

這一碗炸醬麵（一二〇元），說來甚有淵源，在此也不妨說一說。早在十六、七年前，鼎泰豐的現代化根基已定，台北老食家與少數日本饕客已知頻頻問津；那時老的老闆伉儷常坐樓下吃著一碗東西，簡簡單單，便是一碗。我們幾個朋友經過一張望，出得門來，便互問：「他吃的是什麼？你看清了嗎？」「好像是一碗乾的疙瘩，上面澆一些肉末與毛豆什麼的。」「好像滿好吃的，不過，似乎沒拿出來賣。」

是的，便是這味東西，有時是乾的麵疙瘩，有時是乾的麵條，上面擱的，便是炸醬。確實眞有客人因探頭看見，深感興味，便大讚：「哇，老闆你吃什麼好東西啊？」結果老闆很難爲情的操著他的山西鄉音說：「沒什麼，自己吃的，自己吃的。」不久送了一碗上樓請這客人嘗嘗。你道這客人是誰？便是設計師關傳雍，他眞有口福，比我們早吃了二十年。

但我們現在也嘗得到了。炸醬麵，才推出兩個月，知道的人尙不多。我已吃過好幾次，果然是楊家自創，與坊間甚不一樣。它比較不黑，肉末比較鬆開，豆干切成小丁。毛豆也炒得恰好，不特糊，不發黑，卻也不生。豆瓣醬也不下得太濃，算是像極了家庭自己隨手調出的那分清淡感，並且，最難得的，像是業餘者之清新手筆，完全沒有尋常店售炸醬麵的那分職業腔下的大缸黑膩。有時你甚至可以說：這好像特別爲我到廚房臨時做出來的一碗麵似的。所謂「家常」，豈非指此？

又這麵中，見有亮晶晶之物，一嘗，竟是番茄丁，味甚爽口，亦令整碗醬中加多了一絲酸香氣，更助益了消化酶。嗜醋者，滴上幾滴醋，也添幾許陳香。

另外便是蒸物類新加了「鮮魚蒸餃」，使人在常吃肉汁厚腴的小籠包外，有此綿細少油卻極鮮的魚餃替換。可特別注意魚餃中芹菜丁的脆勁與沖香。

二〇〇六年十二月四日

地點：信義路二段一九四號（近永康街）
電話：2321-8928
時間：【周一至周五】上午十時至晚上九時
【周六、例假日】上午九時至晚上九時
休假：無

十一、東豐街半畝園

台北最好的**綠豆稀飯**在哪裏？當然是「半畝園」。

綠豆稀飯，究竟有何特別？它原本是北方家庭最清貧的吃法，往往煮得很稀，且多冷吃。米中摻了綠豆，米量便可少了，又因加上綠豆，比較抵饑，不會因太稀而吃不飽。此固爲貧窮年代之吃法，殊不知眞吃了上嘴，它還是養生食品，多了雜糧的纖維，於消化好，多吃亦不脹氣。半畝園的綠豆稀飯，自然不能太稀，開店嘛。而且近年也不上涼的稀飯了（客人未必懂冷稀飯的佳處），故它一碗賣二十五元。但仍是我來此最大的理由，有時還叫兩碗。

原先餡餅是招牌，特別是牛肉餡餅（眞正餡餅饕客比較不把重點擺在花素上）。我們以前對老外描述，稱之爲Chinese Hamburger（中國漢堡）。其實也眞像，一口咬下，牛肉湯汁幾要溢出，卻嚼在口裏仍是鮮香的瘦肉。這說的是幾年前餡餅之況。如今的餡，瘦肉倒還是瘦肉，卻不知是餡剁好了事先擱冰箱還是怎麼的，色澤太紅外，一口咬下，喉間可以微微感到它的牛肉過瘦的澀苦味，已與早先滋味相當的不同了。

麵條，有刀削麵與細麵兩種任選。它的炸醬麵，是老北方的風味，與坊間小麵攤上的炸醬麵很不同；吃慣了正宗北方炸醬麵的吃客，還非得吃這種家鄉風味不可。一碗一百一十元。

小菜，是半畝園另一項極見品味的地方，即不帶油。如**雪裏蕻百葉**、**涼切苦瓜片**、**小黃瓜拌洋菜**、**肉末豇豆**、**毛豆烤麩**、**燒茄子**、**蓮藕片**等，清淡有原味。每碟五十元。能夠把小菜烹製得如此清淡，而不是以濃腴重烈吸引顧客，必然與店老闆個人的品味與堅持有關。須知尋常麵店的小菜皆傾向於重味。

半畝園亦是深諳「餐館新穎化」的一家店（「鼎泰豐」是最著之例）。它除了很早便已打理得十分乾淨，燈光柔和，桌椅簡潔，令人頗宜用餐外，食物之種類亦絕不繁瑣。這諸多佳良因素，使半畝園已極有資格是一家台灣頗富「新派烹調」（Nouvelle cuisine）外貌的好看餐廳。事實上，太多的老客人進店坐下，早胸有成竹的知道要點什麼，隨後安安靜靜的自顧自進食，吃完起身，離去。

而裝潢淨雅，用餐安靜如半畝園的館子，台北還眞不多。

在這樣清簡明淨的小店，若你見一人獨據一桌，點綠豆稀飯，與三兩樣小菜，便這麼簡簡單單，那他絕對是行家。而這麼樣的吃法，又這麼樣清淡可口的小菜，台北，或全台灣，它是獨一無二。

忽聽鄰桌小孩問爸爸：「什麼是木須湯？」爸沒答。趁這機會在此說說。木須湯即蛋花湯：此店如此用字，顯見是諳北京舊俗的。乃以「木須」避「蛋花」之諱也。因明、清時太監在北京大小飯莊進出甚多，凡涉「雞」、「蛋」字，皆避之，代以他字。「木須」即桂花，又稱木樨，蛋之色黃如桂花，故取以代之。

二〇〇六年一月三十日

地點：東豐街三十三號
電話：2700-5326
時間：【中餐】上午十一時至下午二時
【晚餐】下午五時至晚上八時半
休假：每月第二、第四個周一

十二、忠孝東路清真黃牛肉麵館

外地客人來到台北，匆匆一停，若只能有三碗牛肉麵的量，那我會說，其中一碗應是這裏的「**清燉牛肉麵**」。

朋友裏面，「眞言社」唱片的主持人倪重華最曉吃麵。我常說，他不僅會發掘音樂人才，如林強，如伍佰；也發掘麵。這家的麵，是他帶我來吃的。

若說一碗麵中牛肉湯之香醇、鮮腴、淨清，不雜一絲其他作料味（如豆瓣、花椒、肉桂、沙茶、番茄、醬油）；又麵條是手擀的家常麵，大把大把拋入鍋裏，下至透亮滑抖，撈起；這樣的麵放入這樣的湯，在純粹鮮香上，此店全台北稱第一。

但牛肉呢？差點忘了提。此店的牛肉是煮熟撈起放乾，再切成薄片；麵下好後，將牛肉片撒進碗裏，一如你在蘭州等西北地方所見的那種吃法。這不免令吃慣了「常態式」牛肉麵的老吃家心生「太柴」之感受，的確也是；但倘細細品嚼，這幾片瘦牛肉實頗有滋味，甚至有點三四十年前的台式「切仔麵」上擱的三片瘦豬肉或三片炸紅糟肉那種風情。

這是一家清眞館，故它每天所進的牛肉，不惟是本地黃牛，且須專人宰殺，殺後放血，更有教門專人誦經，經此潔淨過程，方可烹食。正因如此，其「清燉牛肉麵」（一百二十元）的湯頭會如此鮮，卻又如此清，放血至徹底也。而牛肉如此瘦柴，卻嚼來絕無渾腥味，亦因放血故。有的行家在吃麵時欲極盡酣肆淋漓，特囑牛肉另擱一盤，只全心大口呼嚕嚕吃麵，肉僅偶挾一片兩片，所剩肉片打包帶走，回家夾入全麥麵包內，灑橄欖油使腴潤，擱番茄片與生菜令鮮脆，甚至煎一片半熟蛋皮塡入令更豐綿，便成了一個絕佳的牛肉三明治。

亦有「過橋」吃法，即麵、湯、肉三樣分開，讓客人按自己乾吃或湯吃習慣來拌麵挾肉，肉份量也較多，一客二百元。

牛肉餃子，十個六十元。牛肉餡滿特別，餃子形狀較扁。

再說小菜。共五樣，**小黃瓜**、**蘿蔔絲**、**涼拌高麗菜**、**涼拌海帶絲**、**涼拌豆干片**。其中豆干片很特別，是白的，與平常所見有五香滷色者不同，味亦較清。每碟三十元。

料理大檯子上，明置一碗鹽、一碗味精。若不要味精，說一聲便成。

此店坐落東區之正中心，少男少女絡繹不絕，有時手上帶著吃了一半的別種肉食便走了進來，麵檯後老伯見之，臉上便有莫大的委屈，怎麼回事呢？噢，原來不潔淨的肉食帶進了門，與他之教門規戒大大相違也。

店亦售紅燒牛肉麵，亦有細粉、泡餅，皆一百二十元。然我吃來吃去，最偏嗜清燉牛肉麵。有一次在友人家小坐，旁有一桌麻將，牌客提起吃點心，問我想吃什麼，道：「就去買附近的清燉牛肉麵吧。我的麵就泡在湯裏，別分開，拎回家時，麵早將牛肉湯裏的油氣全吸進麵裏了，於我最是美味呢。」

二〇〇六年二月十三日

地點：忠孝東路四段二二三巷四十一號
電話：2731-8550
時間：上午十一時半至下午二時；下午五時至七時半
休假：周日

市民大道四段
敦化南路一段
延吉街
223巷
忠孝東路四段
216巷

十三、仁愛路圓環秦家餅店

我是南方人，從小對麵食的瞭解甚是狹窄；例如蔥油餅，原本只知油煎的，後來到山東籍的同學家，才知尚有蒸的蔥油餅，甚好吃也。餅表面雖不脆，卻餅皮的「麵質」感更飽滿，吃多二張竟也不撐。

年長以後，四地胡跑，麵食的各種形式，什麼貓耳朵啦、攸麵窩窩啦、匹薩啦、麵疙瘩啦，嘗過不少，其中蔥油餅一項，發現一現象，便是愈不碰油的，味道愈是雋永。

台北街頭，下午散步，最是舒服，而走了不久，嘴巴饞了，此時有一小張蔥油餅多好；恰恰台北就有，很易遇上，只是吃完不久，腹中油味太重，竟後悔了。

直到「秦家餅店」二十年前在四維路窄小弄堂裏開張後，我們這些愛吃餅的，更多打開了一層眼界。爲什麼？它的**蔥油餅**是乾烙的。

乾烙，是將麵餅鋪放在平底鐵板上，這塊鐵板最好是用生鑄鐵，它的傳熱比較慢也比較勻，餅才得以溫溫的火力慢慢烙熟，而表面不至焦黑。

「秦家」便是這麼烙的。也於是每張餅製熟的時間自然就長了，但非得這麼做才好吃。至若要餅的層次多，每層又皆通透，除了慢火，還賴擀麵的工序不可偷省。

這樣乾烙的蔥油餅，冷吃亦極有滋味。有時我昨天買了幾張（一張四十五元）沒吃完，今天帶著去爬山，中途分給山友，先是你撕一層、我撕一層，竟至停不下手來，人人都讚好吃，一下子全吃光了。油煎的蔥油餅冷了，往往有油耗（ㄏㄠ）味。

大多客人是買回家吃的，特別是在飯桌上，就著蘿蔔牛肉湯或排骨湯或羅宋湯吃。也可配著一盤豆干、芽菜、胡蘿蔔絲、蛋花炒在一道的菜吃。既要買回家，便不只一兩張，於是「秦家」發展出電話訂貨的服務，免得客人向隅。又乾烙不易壞，能久藏（當然進凍箱），不少人還常訂了幾十張帶出國呢。

另有**韭菜盒**（三十元），亦是乾烙，亦比坊間油煎的韭菜盒勝多也。

還有一味，**豆腐捲**（三十元），亦稱「**菜蟒**」，是別處吃不到的。蒸的。麵皮軟潤，內包豆腐、蘿蔔絲、粉絲等，頗清爽。

東區高樓林立，在陋巷中有這樣幽幽一家小舖，慢工出細活，任何人可以打一通電話，即使只訂一張餅，老闆或許還現做，然後幾十分鐘後來取，台北市得有如此，誰說不是過日子的好地方？

二〇〇六年二月二十日

地點：四維路六巷十二號
電話：2705-7255
時間：上午十時半至晚上八時
休假：周日

十四、天母劉媽媽擔擔麵

台北天氣溼悶，有時你非常想吃一小碗辣乎乎酸兮兮又麻麻香香的麵，那麼「劉媽媽」的擔擔麵或是首選。

擔擔麵或有所謂的正宗；如你不把六七十年前成都吃的、不把四十年前台北仁愛路杭州南路吃的等口味視爲必然的標準版本，而覺得近年上海新天地「翡翠」的擔擔麵亦是不錯，那麼，劉媽媽的擔擔麵（四十元）絕對不教你失望。

擔擔麵的最迷人處，在於一：它的「紅」（即辣椒）雖以油爆炒過，卻不渾，亦不過油。二：它的「麻」（即花椒），有一股刺吸舌頭的力道，故你感到麻，幾乎算是「成癮性」。三：它的「酸」（即醋），必須調得剛好，不可太「涼」。四：它的麻醬，不可過稠，亦即不可「老」，令人調麵調不開。五：端上前撒的一小匙花生粉，最好是新碾的。六：蔥花、冬菜之選擱，亦需講分寸。

劉媽媽的擔擔麵，是台灣各店中，麻、酸、辣與芝麻醬比例等我覺得最適當的，我每次皆能七八口便吃完，且吃完猶感微微不足。據說評鑑擔擔麵（或台南式的「擔仔麵」、福州「乾麵」）的其中一準則是，吃完猶想再來一碗。

店稱「劉媽媽抄手」，**紅油抄手**（五十元）想必是招牌。拌抄手的紅油，酸麻辣頗近擔擔麵中之味，極是開胃，只是抄手的皮略嫌薄弱，而抄手內肉餡幾要破散。他們說台灣不易買到合意的餛飩皮，誠然。劉媽媽的紅油醬汁如此酸麻好吃，有一次與朋友說及或許應買些紅油外帶，回家下麵皮下到透爛，以之沾紅油或是佳物。再就是家中包薺菜、筍丁、豆干丁、粉絲的餛飩，沾紅油必最過癮。

這店的小菜（三十元），亦極有特色，且說幾味：**涼拌四季豆**。**涼拌蘿蔔絲**。**醋溜高麗菜**，酸酸辣辣，不油。**麻辣豆干絲**，亦不油，嚼起來甚富滋味，且能嘗到花椒的脆屑，好吃。

這些小菜，以小麵店而言，算是極別緻的，並且，必然是來自一種可稱為「個人風格」的老闆。果然，這位劉媽媽頗有個人風格。她似乎很能享樂人生，在忙於烹食與招待客人之間總是興致高昂、笑語如珠，有時還順勢將客人的話語一接，以歌聲唱出。此店老客人很多，並且年輕女孩極多。又白領女孩最喜吃麵，一進店，劉媽媽道：「小姑娘，今天想吃什麼？」頓時整個小店的空氣暖了起來，像家一樣，教有些離家久的遊子甚而一個不小心幾要掉下眼淚都不一定。

天母，台北較晚開發的一塊漂亮地。猶記四十年前山腳仍多果林、菜園，眷村矮房與美軍用地仍是住宅主景。一個朋友說他最早看到的酪梨樹，是在天母，農人以之餵豬。而中山北路六七段之交，據說當年美軍測算是全台北最乾燥、最透氣的一塊區域。近年我在天母散步逛街，總思有一小吃能解嘴饞，現在總算找到了。

二〇〇六年二月二十七日

地點：天母西路三號之五十八（天母國際大樓內）
時間：中午十二時至下午三時；下午五時至八時
休假：很少休息。不定。

十五、民樂街小包子腸子湯

這家攤子是台北眾小吃店中我最晚近才發現的。去年春天，拜《最好的時光》在對面古老樓房拍片之賜。然老闆已做了四十幾年。

他自清晨開至黃昏，只賣**小包子**（五元），**油飯**（以錫筒盛裝，卻不叫「筒仔米糕」），**小腸湯**、**丸子湯**、**冬粉湯**，與**滷蛋**（一粒五元）等小件吃物。是某種閩南小吃形式已愈來愈消失、而它猶能留存的最珍貴版本。這些小吃，味道本很簡略，如冬粉湯，如油飯，並不花稍，亦很難強自烹成鮮郁，然最是小民昔年路邊坐下就吃的舊日佳好風情也。

他的包子，是福建式的，也即餡是先炒過的、紅燒的、微帶一點甜的那種。只是做成較小的個頭。台灣早年（國府未播遷前）的包子皆是那種風味，後來才加入了華北式的（山東、河南、河北、蘇北）、江南式的（「鼎泰豐」、「高記」、「康樂意」）所謂「外省口味」。這種福建式包子，常與腸子冬粉湯相搭配（民生西路承德路口的「阿桐阿寶」之包子配四神湯亦如此例。十年前猶偶開、後來收攤的晉江街十八巷五十七號大榕樹對面兩巷所夾「三角尖」那家小舖亦賣同物），而碗底必擱少量冬菜，此又潮汕口味之習也。

說到口味，台灣原來不吃辣的；六十年代後，出外負笈的學子多了，加以「紅燒牛肉麵」開始流行（雖然學子較只吃得起「紅燒牛肉湯麵」），辣的嗜習逐漸普及。近年X世代、Y世代連吃蔥抓餅也抹辣椒醬，哇靠，太犀利了吧。

故這家店的小包子，有人沾辣醬，也就不稀奇了。他的辣椒醬分為二種，微辣與極辣，老闆的女兒會很體貼的指導客人拿捏辣的份量。

滷蛋，一如包子，也是小個頭，一個五元，滷得頗透，嗜蛋又不願吃大量者，吃它恰好。

有時熬夜至天亮，大夥說不想吃稀飯，也不想吃燒餅豆漿，我說要不嘗嘗冬粉腸子湯再加一兩個包子配個小小滷蛋？咸道好也。果然車近此攤，已見濛濛煙氣，吃興大發。及坐凳，更嗅得大骨頭湯之清香氣。這樣的早點，五六十年前的台灣，與五六十年前的福建，或皆是那樣的氣味呢。

二〇〇六年三月十三日

地點：民樂街六十六號（舊「大稻埕偶戲館」）對面
時間：上午六時至下午五時
休假：周六、周日

十六、延平北路旗魚米粉

米粉，是台灣人極重要的小吃。詩人楊澤每次去作家黃春明家作客，最想吃的，必是黃家的炒米粉。二十年前我偶至加拿大溫哥華訪友，到了消夜時間，朋友的母親端上了雞湯米粉，北國寒地乍然嘗此，不啻仙界美味。

台灣原本街頭巷尾多有「米粉湯」攤子，如今稍微少了，然最大問題是，甚少有好吃的。然而米粉是最起碼的街頭小吃，下午點心，坐下吃它一碗，有湯有粉，唏哩呼嚕傾下，多好。但看官請自問：多久沒坐米粉湯攤了？

多半坊間的米粉湯，用的是粗米粉，雖有柔纖連綿之感，一咬便脆斷，像是喝著湯的同時吞嚥米粉段。至於米粉製成粗條，不知起於何時？早年的米粉，粗的不多，又此粗條之因由，不知會否以早磨成粉的陳品隨時結形爲粗段線條，乃此陳粉，筋理已碎，早不堪製成細綿長線之故乎？

若可能，我希望每個星期吃個兩三次米粉。不惟爲了嘗好吃之物，也爲了能在台北過一種清閒有興致的生活。然我沒有。一來台北生活猶未臻此，二來米粉佳店極少。

除了一家，便是延平北路這家「旗魚新竹米粉」。自入夜開至黎明。有時半夜兩三點想吃東西，這裏頗理想。

這店的米粉是細長條的，柔韌綿滑，吃在嘴裏，不會粗粗粉粉的，教人猜想製者用的米比較新鮮，磨完拉線晾竿也比較講求時機與步驟。須知不少米粉店雖也用細米粉，但因爲製作粗劣，你吃來照樣感到粗粗粉粉的，於是店家便每隔一陣在湯鍋裏加入一大匙一大匙的豬油，令米粉潤滑，而不是由原本豬腸、肝連、蘿蔔、豆腐等同燉後釋出的油香氣培成一碗好米粉來。

「旗魚米粉」這店的**米粉**，只與旗魚丁同煮，故湯最清；又米粉原本麗質，不靠外油使潤使軟，你照樣吃得碗底朝天。一碗三十五元，附帶一顆福州魚丸。福州魚丸台北亦是無數家在製，每人有嗜吃之店；此店魚丸並非我最嘆服者，故常煩勞店家省加魚丸，只一心專嘗米粉湯也。有時一碗不夠，再叫一碗。米粉上的旗魚丁，如運氣好，恰是極新鮮者，則魚肉極細嫩，雖是附加物，更增鮮美。又撒蒜苗，也是佳配。

炸物亦是重點，如**炸旗魚排**，如**紅糟肉**、**炸蚵仔**、**炸蝦仁**、**炸豆腐**等，我常一人獨食，加以常是深夜來吃，油炸物不敢多吃，比較罕點。比較有經驗的吃家，則是先在料理台稍作張望，見今日旗魚排與蚵仔甚新鮮，胃口又頗好，便選此二味來點，往往甚嫩香好吃，亦是佐米粉之佳物也。

二〇〇六年三月二十日

延平北路旗魚米粉

地點：延平北路三段八十三號

時間：下午六時至次晨五時

休假：周日

十七、中山北路七條通肥前屋

小吃之樂，不僅在於遊移靈便，要吃多少便吃多少；也實因餐廳軀體龐大之遲鈍與堆貨之臃腫反致弄不出好食物之固有窘境。台灣早已進入了臃腫期（但看減肥之念無處不在，而兒童中小胖子比例極高可覘），故餐廳乏善可陳，早不是新聞。反而小吃常多有優異烹調。

嘗小吃有一訣竅，便是只吃店中一兩樣食物，吃完便走。若不足，再至另一店嘗另一單味補全可也。

有時候，你恰好要忙到較晚才吃得上飯，如八點四十什麼的，又同時口裏想進些稠膩濃郁的滋味，這時，「肥前屋」的鰻魚飯是不錯的選擇。乃這時它門前的排隊才稍微少了些。

「肥前屋」，適合快進快出。只叫一個小的鰻魚飯（一百四十元），吃完抹抹嘴就走，最好。我說過鰻魚飯與滷肉飯、雞肉飯等一樣，是「只宜單吃的飯」，根本不用配菜。恰好「肥前屋」生意興隆，人潮洶湧，用餐的氣氛嘛，算是熱鬧；故而在此吃飯的時間愈短，愈舒服。但不少情侶來此，竟能悠坐慢嘗，或許兩情相睦，外在的喧騰壓根不聞了。

事實上，肥前屋最佳也是鰻魚飯；一筷子下去，將肥腴香滑的鰻魚戳破一方塊，並同下墊的飯一起撈起，放入嘴裏，則魚的腴加上醬汁的微甜再搭上滑黏的米飯，便是最潤喉舌又最貼服胃壁的一帖良物。肥前屋每日進活鰻極大量，每條鰻裝在長筒狀塑膠袋中，袋置清水。由於生意興旺，吃客無數，鰻之新鮮，自稱第一。

我進肥前屋，已有幾十次，幾乎每次只吃鰻魚飯，從來沒點過什麼炸豆腐、烤墨魚、蛋皮捲、炒野菜等，好比是若點了，這家店的原本名物便被打折扣似的。故我多半只待個十幾分鐘便走，每次如此，次次輕鬆愉快。甚至整個餐廳的擁擠也感覺不到。甚至角落的茶桶也永遠沒去斟過。此時想來，眞覺得這便是小吃最宜的方式。也是因小吃而獲得最大的佳處。

八點四十分進店，只有一缺點，便是那一碟搭配鰻魚飯而吃的醃蘿蔔片常告用罄。有人奇怪：爲什麼店家永遠不多醃一些？

中山北路自四十年前以來，一直是我最喜歡漫步的區域，而跨過了原是水渠並小橋處處的天津街，走進了這些幾條通幾條通裏，眞是極好極美的回憶。而「肥前屋」這樣的深富舊日風情的食堂，便助濃了這份回憶。

二〇〇六年四月三日

地點：中山北路一段一二一巷十三之二號一樓
電話：2561-7859
時間：【午餐】上午十一時半至下午二時半
【晚餐】下午五時半至晚上九時
休假：周一

十八、舊萬華戲院旁大腸麵線

麵線（大腸或蚵仔）是台灣小吃中極為特別的一種。它不像是吃飽的，但一碗下肚也頗讓人滿足；它又不是稀稀的一碗湯（如魚丸湯、四神湯），它更濃稠些。

正因這股濃稠，內中可包含黑醋的酸香、蒜茸的衝勁、肉汁的腴厚等所謂五味雜陳，並同紅色麵線與芡粉融合後所成形的「糊漿」之狀，乃成為「蚵仔麵線」所以是台灣小吃中最最特別的一項。

麵線攤子，全台數量之多，不可勝數，太多的人皆有他常吃的攤子。有時上班者中午忙到不想吃午餐，反在下午三、四點甚覺嘴饞，便偷偷下樓吃上一碗麵線，最是過癮。但若請他推薦一家出色之攤，許多人總說公司附近的猶稱不上佳味。是的，蚵仔麵線端的有此窘處；過癮歸過癮，然眞正好吃之攤，不那麼多。

我不是麵線的深嗜者；至少不像有位朋友她笑說她對麵線的迷戀與重口味之貪嗜已到了像是憂鬱症的高危險群患者。然我對麵線的「街頭小吃社會學」自認頗樂留心，故每到一區，總不忘目測是否有值得一嘗者，終也嘗過不少。

如今說的這家，近一年多因龍山寺前建了廣場，方遷於現址，原在「萬華戲院」旁，早已是老字號。賣的是**大腸麵線**，而此大腸，是搥製過的，且與肉羹裹成一體，亦微有鹿港式「赤肉麵線糊」之風意，嚼起來特別有勁。

而其麵線湯汁，我不知如何形容（亦不宜探問店家），算是相當鮮美的，並且，滿正統的，也就是沒啥「秘味」。所謂秘味，造成太多店家打定主意要去擱些柴魚之類的方子。須知便因麵線以濃腴口味迷人，若問留美留英的留學生，心中最懷念何種台灣小吃；則麵線的排名絕對極前。同時，大夥也約定俗成的不去對吃完後立刻覺得口渴一事生出什麼不滿之念。

從來不見有人在麵線攤子前道「老闆，我的那碗別放味精」。

此店麵線，一碗三十五元。沒有大碗小碗之分，倒頗有古制。就像出色的滷肉飯老舖，一碗十五元就十五元；如不足，再叫一碗。沒什麼大碗那一套。

他也賣魷魚羹，亦三十五元。我因不吃魷魚，故多年來猶未嘗過，不敢言好壞。全店只售此二味。我常說，愈是佳店，賣的項目愈少。

麵線攤有一風景，最是有趣。自小見每個老闆盛麵線，總要在碗緣以鐵杓將綿綿不斷線絲斬斷，慧劍斬情絲似的。盛起一杓，斬斷一次，絕沒少斬的，眞是有意思。便此見出麵線的天性；而這種咖啡兮兮的、糊漿漿的、相貌似不怡目的一款「奇食」，有時還眞教人著迷呢。

二〇〇六年四月十日

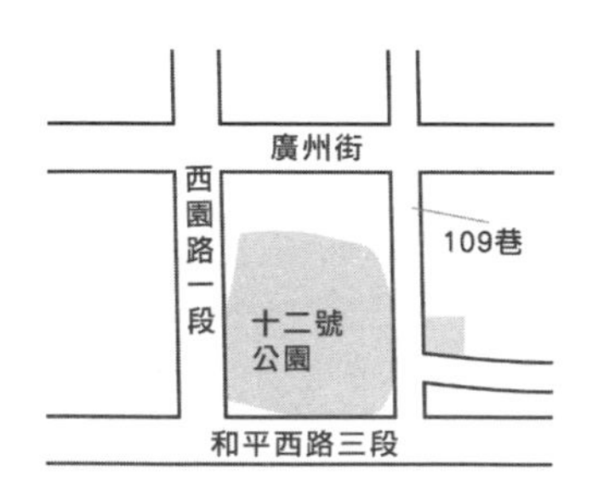

地點：和平西路三段一〇九巷第一個弄堂口。或：八十九巷二弄底。
時間：上午十時至晚上九時
休假：無休

十九、南機場推車燒餅

「南機場夜市」是個小吃聚落，雖名「夜市」，一整天皆有得吃。

每天下午兩點半，一部小小推車推了出來，一對夫妻便站在一個小小圓筒鐵爐前，忙著烤燒餅。不久，不知自哪兒冒出來一個又一個的客人，圍在車前，等燒餅。

這一小攤，地當「南機場夜市」牌坊之底，已近「國盛社區」大門，原是整條小吃街最冷清地段，便因這輛燒餅小車，整個冬天下午竟自暖烘烘起來。

大多時候，只賣四樣：**甜酥餅**（包砂糖。橢圓形）。**鹹酥餅**（包豬肉，微抹五香、胡椒等香料。圓形）。**豆沙餅**（圓形）。**長燒餅**（包蔥。長條形）。每樣皆十元。偶爾亦有**蔥花捲**，更偶爾有**韭菜煎包**。

這四種燒餅，先由太太在案上將麵包了餡，沾了芝麻，先在爐頂的鐵板上明烙，烙一陣，翻面，又烙一陣，兩面皆淡淡的泛出淺黃色了，便由先生送入爐中烤。自此這位老先生忙著把餅鏟進鏟出，並在爐中移換位置，見烘得勻了，便鏟出，拋進早墊了牛皮粗紙的箱裏。客人多是常客，便會自己夾取所要的放進紙袋；例如夾了兩個鹹的，還要等一個甜的或一個長的，便繼續等，絕不爭先恐後，極有秩序。

四種餅中，包豬肉的鹹酥餅，最有特色，它像是小而扁平的「袖珍胡椒餅」，吃著頗像深蘊香料（如咖哩餃之類）的肉餅，卻因肉餡較薄，最是不膩。更特別的是，可以冷吃；人在長途火車上，掏出一個來吃，滋味毫不失卻。而坊間偌大的胡椒餅，冷吃便噁心了。

而最宜外帶使用、又味最雋永的，則是長燒餅。許多人一買二十個，爲了回家隨時烤來吃。可以夾西洋火腿、洋蔥、番茄；可以夾cream cheese；可以夾自家炒的蔥花蛋；甚至可以抹上「坤昌行」的豆腐乳（所謂「中國的blue cheese」）；或者也可以對著一碗蘿蔔排骨湯撕下來沾著吃。總之，每樣皆宜。

這家燒餅攤最迷人的地方，是它的簡之又簡、完全沒有多餘花樣的製餅方式。它完全曝於人前，從裹餡、手擻、杖子偶擀一下、擱上鐵板、鏟進爐裏，全在半個榻榻米的空間中，全是那麼簡單、沒有秘密，而照樣出來優良的麵食，這就是小吃原本最應是的狀態。噫，卻又有幾家做到？

二〇〇六年四月二十四日

地點：中華路二段三一三巷與三一五巷所夾之「南機場夜市」
時間：下午二時半至七時
休假：不定休

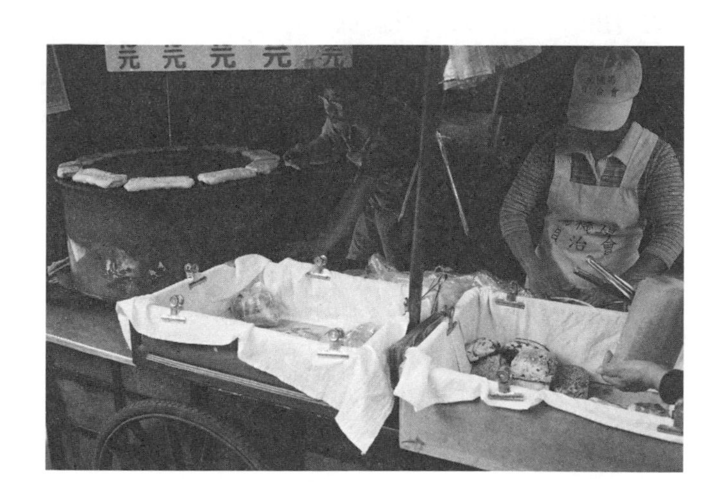

二十、貴陽街永富冰淇淋

才春天沒多久，竟然說熱就熱。熱，咱們就吃冰。你有多久沒吃台灣老口味的桂圓冰淇淋了？如果近年你嘗的都是K２義大利口味或「哈根達芝」國際口味或甚至和風的抹茶口味那一套冰淇淋，那麼你遠離故鄉已太久了，我建議你到老西門町這家「永富」嘗一嘗台灣老口味的冰淇淋。

一碗有三球，三十五元。不妨選**桂圓**、**芋頭**、**紅豆**三味。桂圓是乾桂圓肉製成，其蜜甜度，是中國式老味的醇年釃甜。芋頭，不用講，是台灣採來做成冰品最聰明最腴黏香甜的無懈材料。紅豆，「永富」用的是大紅豆，亦是老法，清甜度恰恰好，絕不渾膩。

李梅，是台灣式的蜜餞料。另有一口味，稱「**雞蛋**」，看官你道這雞蛋是啥？它並非眞用雞蛋作料製成，而是「香草」；只是四、五十年前台灣猶不洋化，小孩見此款色相，便以雞蛋雞蛋叫它，終於叫訛了它，於是店家也只好樹此「雞蛋」一項名目。民俗學家不知注意及否？

問起休假，說平時無例休，每天皆開，只在每年十二月中休到次年二月底或三月初。也即是：休整個冬天。哇，這休法莫不極古典？倒眞有些京都老店的定假之法了。台灣冬天賣冰的生意，固然會冷清；卻不知冰淇淋一物，因是奶製品，常繫於寒天凍地時人的唇舌最能感受此種奶香。這種寒冬吃冰淇淋之嗜，尚不是我的觀察，實得自幾位美國新英格蘭的吃家朋友之切磋結果。乃二十年前大夥常圍繞著「哈佛廣場」（Harvard Square）四周幾家小冰淇淋店品評高下，致有此類聞見。

新英格蘭各州皆冷，各處冰淇淋皆勝，佛蒙特（Vermont）州的 Ben & Jerry's

更是名例。

但美國吃不到桂圓冰淇淋。這是我們兒時的台灣共同記憶，美國諸多佳味亦不能取代。有次見兩年輕男女，手持礦泉水，一邊吃冰淇淋，一邊淺啜白水。好傢伙，的是內行。吃冰淇淋的間隔良物，是白開水。便像喝紅酒也是。或許「永富」可以考慮供應白開水；但只應客人提出才供。如此最簡潔。須知此小店已開五十年（連流動推車算，則六十一年），最理想的經營法便是客人即坐即吃，三五分鐘後便起身；此爲最環保也最雋永的主客相宜的小吃之法。哪怕店面只有兩坪大，也照樣弄得不鬆不擠。有的人爲了吃得舒服，便包來紮去的帶回家，往往失了最佳時機，也徒增繁複過程，失卻了小吃的粗略美感。

多半時候，客人大多用紙杯；其實「永富」一直有相當素雅的瓷碗備用，此又一家有環保意識之店例子。尤其他們還保存一個老年代專盛冰淇淋的白瓷寬瓣盞碗，一如四、五十年前你在新公園前的「三葉莊」或「公園號」所用的那種。噫，時光荏苒，怎不教人心驚？

二〇〇六年六月五日

地點：貴陽街二段六十八號（昆明路口）

電話：2314-0306

時間：早十時至夜十一時

休假：無例休。僅年休十二月中至次年二月底或三月初。

二一、六張犁魚僮小鋪

有沒有平價的生魚片速簡蓋飯，卻又讓人信任它的新鮮乾淨？這個問題一直被太多的人問著，但直到最近一兩年，終於有店家將之實踐出來了。便是這家「魚僮小鋪」。「如果出版社」的總編輯王思迅告訴我這家店。

每天黃昏，只見和平東路三段與信安街口有人站著，如同排隊，等著吃「生魚丼」一類的日式簡餐。其中有內用的，僅七個吧台座；亦有外帶的。這兩種排隊，皆以取號碼定其先後順序，先到先吃，不接受電話預定那一套，極是公平。

主要以「**生魚丼**」（八十元）爲其吃食之主體；這一碗內，有幾片綜合生魚片，並有生魚切成細末蓋在飯上，再擱上必有的「配料」（garnish）如醃薑片、海苔絲、紫蘇葉或山藥刨絲，如此端上來。既是蓋飯，照說八口十口便可吃完，絕不囉唆。

我最樂意點「**蔥花鮪魚丼**」（一百元），有三片鮪魚，固可一片一片慢慢的嘗其鮮美，但也不過三五分鐘；至若鮪魚末蓋在飯上再加上配料，唏哩呼嚕的吃下，合起來也只需七、八分鐘，即使加上那碗甚香濃腴潤的**味噌湯**（二十元），十分鐘便可滿足兮兮的起身離去。

這碗味噌湯，雖出自這家二坪大看似小攤的店，又只費二十元，但不瞞眾看官，它較太多昂貴的日本料理名店竟要佳美多矣，其肥香，令你有吃到油腹甚厚的深海魚之感受。

「**海鮮丼**」（一百二十元），除了生魚片，尚有不少海味小菜，亦頗特別。當然，也有**「黑鮪魚丼」**（二百元）。

小菜，居然也不少；但看似比較適合外帶，如**鱈魚肝**（一百五十元），乃它們最宜下酒，無奈此地不讓喝酒（設計甚好），事實上，吧台座位吃緊，在此進食原不宜慢斟細酌。

有人要外帶，老闆偶會問：「很遠嗎？」客人回以：「不遠，兩三分鐘。」老闆露出微笑。可見老闆很重視生魚的保鮮過程。

由於魚的鮮度要求極高，攤子式的生魚片料理店多年來一直很難開。平民化的生魚片攤不只是價錢要低廉，其實最難的是「安心」，即魚的來源與保鮮。故任何一家日本料理店，皆受到此種檢視，更何況小攤小舖？

人的因素，才是最主要的。倘若是一個執意的人，則比較能將這類型的店開成功。如今吧台後面這一對夫婦模樣的店家，凝神操作，而櫃中魚片鮮亮，吃的客人面色怡然，毫不爭先恐後，由此種種觀來，這家生魚丼小店或許能愈開愈好呢。

二〇〇六年六月十二日

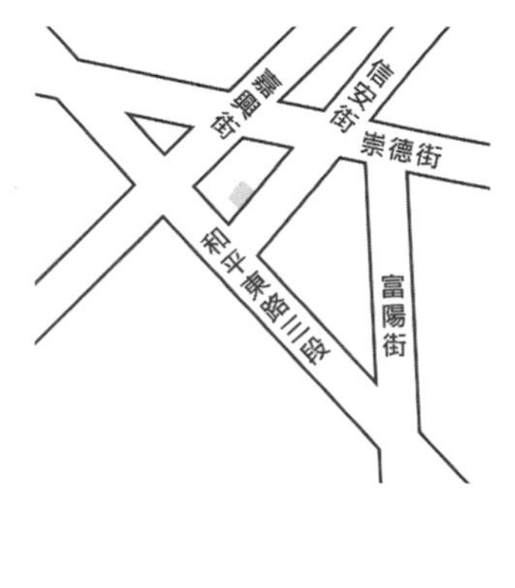

地點：和平東路三段二六一號（信安街口）
電話：0936215168
時間：下午五時至九時（生意好時，八時便賣完）
休假：周一

二二、公館惟客爾蔓越莓麵包

有朋友想去上海開店，問賣什麼好？我隨口回答：「賣麵包。」是的，賣麵包。須知海峽兩岸華人無數，而華人社會最最吃不到像樣的麵包。又華人嘴巴並非全然不懂欣賞麵包的佳處，但看大夥進西餐館，最前的麵包總是大快朵頤，弄到主菜常吃不下。而頗多西餐館主菜平平，麵包反倒烤得不錯。

上海的老外人口極多，又麵包店的文化才剛起步，故此我才這麼建議。不說上海，但說台灣；台灣坊間的「西點麵包店」早極興盛，但五十年來皆製成「花稍調味式」，徒令優佳麥香白白的犧牲不顯，惜哉。

近十多年，有識之士嗜吃全麥麵包已漸多矣，全台陸續頗有不少店製售「本質」類的麵包了，甚有將麵包弄成「主張」等怪現狀者。我今提一家店，「惟客爾」；特別提一款麵包，「**養生蔓越莓**」，以此來言日常麵包（daily bread）與「大衆化麵包店」之要與「平淡樸素」之最能做成生意的簡易道理。

養生蔓越莓麵包，基底是全麥，綴以核桃與蔓越莓，一口咬下，麥香中還兼有清酸、微甜，並有核桃的腴潤。便這麼一口接著一口，常常整個四十五元麵包乾口把它吃完。這是惟客爾約十款全麥（或雜糧）麵包中我認爲調製最成功者。

另如「**無花果**」一味，口感稍板，乾口吃完的比例，我若盡蔓越莓十次，盡無花果僅得一次。至若它的「**全麥麵包**」（六十）元、「**德氏多穀物**」（四十五元）、「**喜巴達**」（三十五元）等亦不錯。

另外，它的「**香草葉子**」（二十八元），是鬆軟式、含橄欖油的輕型麵包，做茶食很好，添一些油鹹氣。

它當然亦有不少「通俗」式零嘴調味麵包，如**丹麥菠蘿**、**草莓奶油**、**煉乳吐司**、**日式黃金酥**、**法國起司條**等，但尚不至做得像坊間極多在麵包上淋糖光、上油色那一派噁心惡俗。

說到惡俗，猶記六十年代蔥花麵包剛推出時，甚是好吃，的是好發明。尤其剛出爐時，底層烤得脆酥，面上的蔥花，與其下的牛油眞是絕配。然有一件，後來我們發現蔥旁有一絲絲閃亮晶片，你道何者，味精也。

惟客爾不知以何種理念創店，距今似有十年矣。我就近只買公館這家，據云店有八家，不知所售皆相同否。

二〇〇六年七月三日

地點：羅斯福路三段三三一號
電話：2363-3824（另有分店七家，可電0800-004-897）
時間：上午七時半至晚上十時半
休假：無休

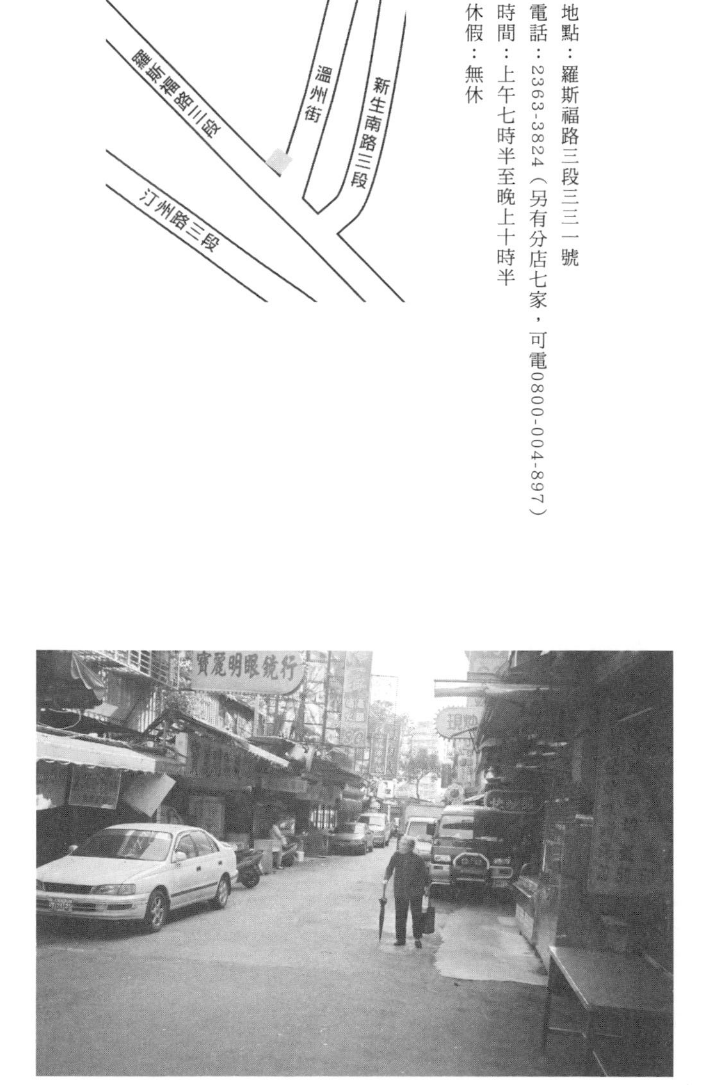

二三、捷運站旁古亭果汁吧

台灣是水果的天堂，一年四季，隨時有鮮美的水果。相對之下，果汁店竟不算多。在路上走累了，停下來，想喝一杯東西，這時我總樂意喝果汁，而不是泡沫紅茶，也不是咖啡。

近年賣快速紅茶的小舖子多了，咖啡館也不少，賣現榨果汁的店卻沒增加太多。何以如此？哦，是了，因爲買飲料的人想買一種如夢似幻的東西；故而經過調理、有奶有蜜有泡泡沫沫又深色幽幽又矇矇朧朧教人摸不清底蘊的飲料才是他想要花錢購買之物。果汁，太像明晃晃自田裏水果一轉眼而來，太像農業社會的家中物，何需去買？這種心理學，早見之於早餐之「美而美」化，而捨稀飯醬瓜、捨豆漿燒餅之例。

這六、七年，家附近開了一家「古亭果汁吧」，果汁皆是現打，且多是原汁不加水，簡單樸素，甚合我脾胃。

且舉幾例。**葡萄汁**，便是大把大把的紫紅葡萄，三、四十顆，不加水或只加一點點水，打出五百CC來，七十元，深紫色，一杯喝下，補鐵補血，或是滋陰，皆在其中矣。

蘋果汁，亦是約兩個蘋果的量，打出一杯完滿蘋果酸香又兼醇甜的汁來。**綜合果汁**，亦是以蘋果做基底，再加哈密瓜、鳳梨、番茄。有時番茄季節不到或番茄不夠熟紅，打出的汁會有澀味，你或可請店家改用別果，如木瓜，甚至奇異果。

我喝的最多的，是**西瓜汁**。鄉村夏日午後，抱來躺在廚房泥地上西瓜（亦即不冰者），切開，取瓜心不帶子部位，多沙最佳，丟果汁機中稍打，不濾，傾入白瓷碗，以調虀舀著吃，味至美，幾可稱「西瓜酪」。

今年我在「古亭」喝西瓜汁，皆請他加一片鳳梨進去打。則別有一襲酸蜜味，令水兮兮的西瓜汁更添一股南國的野性香氛。更內行的喝法，是請店家榨一角檸檬片，用力多壓檸檬皮，皮上的油脂因富含沖香氣，更使西瓜汁多了清肝醒鬱的芬芳療意。君不見昔日台灣街頭賣西瓜片抹鹽巴而墨西哥西瓜小販則抹檸檬汁，良有以也。說到鹽，講究養生的，可先把有機的粗顆粒海鹽抹在鳳梨上，令其慢慢滲入，鳳梨微受發酵，一兩小時後，再與西瓜同打，則甜酸鹹諸味俱備，其非仙家清供。

「古亭」的西瓜汁，是你點了，他才切；不像許多果汁店把西瓜早切成碎片等著打，好像他多忙碌似的；那種店的果汁，不喝也罷。又此店工作人員，取刀取叉，隨時不忘再沖一次水，甚有清潔意識。尤其打汁前，總不忘把一分鐘前才洗好的果汁機，再傾掉壺底的積水。優質果汁店，正該如此。

二〇〇六年七月十日

地點：羅斯福路二段八十一之一號

（另有台大分店，在羅斯福路辛亥路口。衡陽分店，在衡陽路桃源街口）

時間：【平日】上午七時半至晚上十時

【周六】上午九時至晚上十時

【周日】上午九時至下午六時

休假：無休

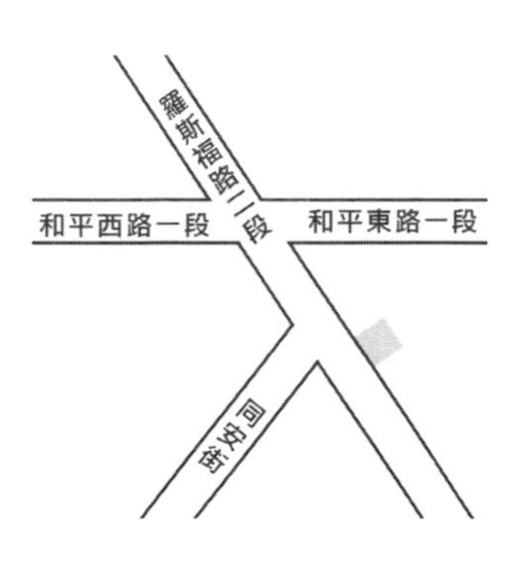

二四、甘州街呷二嘴刨冰

夏日炎炎，吃刨冰最爽。吃刨冰最好是在樹下；耳聽蟬鳴，眼觀身前晃動遠近人影，然皆視而不見聽而不聞，只專注在那一口接一口的涼入心肺、甜溢舌喉之冰屑。

甘州街近涼州街，有一小攤，叫「呷二嘴」，冬天賣魚丸，夏天賣冰。攤子擺在樹下，客人取了食物，便找凳子坐下，或站著吃。

夏天的冰，最有特色，只賣二味，**米苔目**與**粉粿**，三十五元。你可以只取一味，也可以兩款兼要。米苔目當是自磨自製，粉漿由圓孔機中壓出，便成條狀，而尾端欲盡不盡處，自然成了魚尾形，頗好看。這做法與山西的「河撈」（取其音）很像。

粉粿則是做成如愛玉般的半透明晶體。這兩味，上面覆蓋著刨冰，淋上糖汁，人一瓢一瓢舀起吃，像是吃甜味的米食製品；令人想起昔年農忙時在田間休息中吃的冰涼點心、卻同時仍只是田莊僅有的米製品之延伸，那股舊日風情。

雖是鄉村食物，但日本有葛切（君不見京都「鍵善良房」之盛？），我們有米苔目與粉粿，亦不遑多讓。

「呷二嘴」只賣二味，沒有其他雜項，最可貴。且看有些冰店，紅豆、綠豆、花豆、芋圓、青蛙蛋、仙草、愛玉、各種蜜餞……多不勝數，恁多項目，倘全數自製，怎麼忙得過來？又如何教人放心？

此店因生意太好，每人皆是到老闆面前點冰，取冰，付錢。再走到空凳上坐著吃。

吃完，自動把碗中剩的三兩條米苔目條並同一小窪糖汁、冰水倒入「廚餘桶」，再將空碗、湯匙丟入已放滿清水的水桶，待洗。這時，看著放滿了清水的桶中浮著幾只猶算乾淨的碗，想著賣冰生意之無油、之處處彌漫著以水沖滌的一股清潔涼快感，繼而念及我人在炎炎夏日能在樹下的如此環境中坐上一坐，便此一刻，頓生金聖嘆所謂「不亦快哉」之感也。

「呷二嘴」地當大稻埕，附近原不乏古蹟，如緊東鄰的「光復大陸設計委員會」（前幾年拆建爲「凱達格蘭學校」），與更東南面保安街口的「江山樓」，甚至跨過重慶北路的老茶莊「林華泰」等，在此吃冰，還可發思古之幽情呢。

二〇〇六年七月十七日

地點：甘州街近涼州街（新址：甘州街三十四號）
電話：2557-0780
時間：上午九時至下午五時半
休假：無休

二五、南昌路底牛雜麵

寫小吃，總先想到往遠處尋覓名店來寫；家門口原本平日在吃的小店倒反而忽略了。前陣子與人聊天，談及「所謂值得一寫的小吃，是什麼」。我道，若你有朋友自外地（如香港）來，你敢帶他去吃的店，便是也。

有這麼一家店，離家頗近，十多年來，我皆不時坐下一吃，本覺日常例行，不怎麼多想它的佳處；但若說帶香港朋友去吃，此店我絕對敢。這家店沒有店名，招牌只書「牛雜」二字，店相看似簡略，實則頗可取。

賣的是白湯牛雜。一鍋中以肚類為大項；而肚的各部，便是滋味互異之處。像有茸毛的，只是其中一味。我較喜歡的，有三種；其一爲複葉，上層微黑，摺皺，下層較白；其二爲管帶狀，中有凹槽，米色；其三爲肥皮帶，嚼來像肥肉，如果煮得不甚爛時，或更好吃有勁。

他的牛雜鍋裏，尙有一味「非雜類」，便是帶筋的瘦肉，亦十分好吃，且與諸牛雜相間來吃，滋味更豐繁。

我最喜歡的吃法，是叫一碗**牛雜麵**（七十元），一邊嚼著八條十條的不同部位牛雜，一邊唏哩呼嚕的吃麵，再不時喝上一口十分清鮮卻十分濃香的牛雜白湯，更偶爾嚼上幾葉幾莖的空心菜，覺得這是一碗最全的小小湯麵。尤其它是晚上才開，五點至十二點，我常在打烊前，速速的吃一碗，像是消夜，最感滿足。

牛心湯、牛腰湯、牛肝湯、牛腦湯等，是另外點，並不同燴一鍋。牛腸，則製成滷味，與豆干、海帶、滷蛋等同擱涼盤，點了才切。

也賣炸醬麵、餛飩湯等，但我最常吃的還是牛雜麵。乃其最「全」，也最不多不少。

所謂「白湯牛雜」，是我的泛謂；指其沒有醬色，沒有藥香，沒有辣沒有麻等調配式之製法。但不見得意味他純粹只是原味熬出。

有時店家端出時，會擱一小匙沙茶。我因嗜淡，總是習慣相囑「不擱味精，不擱沙茶」。

南昌路，原是台北南區的主街；五十年來餐店起起落落，弄到今天，能提的店不多了，頗可惜。而這家坐落在南昌路底的「牛雜」店，仍然不錯，甚難得。此店原在對面，開了很多年，一年半前歇業。最近一個多月前重又開張，怎不教我們這些舊雨興奮！

事實上，它是家老店，現任老闆便開了二十多年，而他的父親、祖父皆各開過一段歲月，難怪牆上的賀匾有稱「五十年老店」的字樣呢。

二〇〇六年七月二十四日

地點：南昌路二段一五四號
時間：下午五時至晚上十二時
休假：周日

有些店，主售的食物倒還尋常，反而是搭售的項目甚是出色；這是頗有趣的現象。譬似新店中央路上的名店「面對麵」，麵食固然出色、酸菜白肉火鍋固然極受歡迎，其實它的韓國泡菜，雖然是一款小菜，最是美味；台北多家韓國餐館皆無法相比。

二六、師大夜市冬瓜茶

這裏且提一家小攤，在龍泉街，所謂師大夜市，它主要賣的是「**天津蔥抓餅**」，也即是，先把餅煎好，然後以薄鏟邊轉油餅邊挑戳餅面令其鼓出麵絲，使成「一窩絲」，這便把扁平的餅立體化了，酥脆面也平空多出許多來；近年不知怎的忽然流行起來。我吃油煎物不多，故此攤的蔥抓餅未曾多嘗，倒是它的飲品，**冬瓜茶**、**仙草**

茶、酸梅湯三味，喝了不少。

它的冬瓜茶是以生鮮冬瓜加糖慢炒出來，與坊間以廠製之冬瓜糖磚加水燒成者不同，其香氣與醇和感亦不可同語。食客不禁要問，這杯飲料，只是副品，何以還這麼大費周章自己文火燉炒？

問得好。我亦好奇，卻也沒問過。只能猜想有的人偏偏就是這麼拗，凡認定該怎麼做的便一逕那麼做下去；冬瓜茶原該以生冬瓜炒成，便不會想到以糖磚煮水而成，硬是這麼簡單。

它的仙草茶，亦是以三數味青草燒熬、去渣、冷卻而成。喝起來不很甜，亦沒有某些仙草冰或青草茶的過多偏方藥香怪韻，滋味可說比較現代感，我覺得相當不錯。

老闆娘有時見客人沉吟，究是喝冬瓜茶好抑是仙草茶好，便道，「也可以冬瓜加仙草啊！」結果客人一喝，亦很滿意。突然想到，莫不是有一點香港的「鴛鴦」味況。

最有意思的是，這幾味飲料因是副品，故製得不多；每三、四天必新製一批出來，而上一批也必須賣光，否則會壞。乃店家不用防腐劑，即使飲料永置冰箱，究是瓜葉活物，時日稍久，終有變化，故店家堅持在三天左右售盡。反正他們小本生意，也無意量產，正好暗合了家庭式小吃之最優質狀態。

此攤售蔥抓餅，故店家或許自然而然想找些退火的飲料來搭賣，便此出現了冬瓜茶、仙草茶等，此其邏輯約略也；卻不想因其家庭式之小量細工，反造就了這優質可貴飲料。

二〇〇六年七月三十一日

地點：龍泉街近師大路三十九巷（鑰匙攤往北三舖）
時間：下午四時半至半夜一時
休假：每兩周的周四

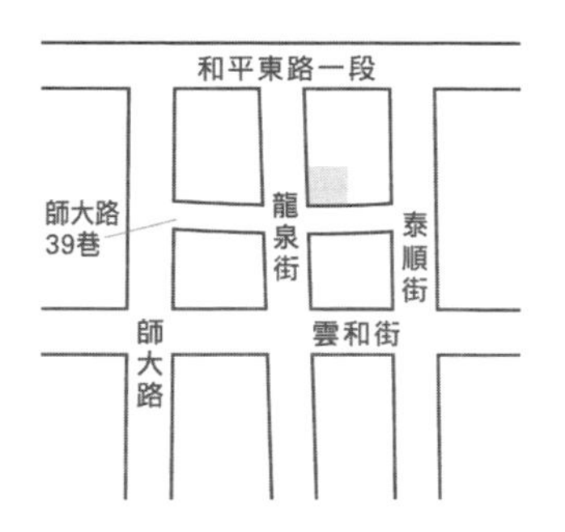

二七、東門市場張媽媽自助餐

在《商業周刊》寫小吃專欄後，有朋友問我：「有沒有什麼店是你不想寫出來，免得太多人知道後，你自己吃飯也成了問題的？」有的。以下這家小店，我保密保了一年，直至今天。

你一定想過一件事：我們每天不用做飯燒菜，能到某個小店買些做好的菜，挑幾塊肉，選一兩條煎的或紅燒的魚，再搭配幾個青菜，一盤豆腐，時而再加一盤炒米粉，如此等等，那會多好。

相信太多的媽媽皆會這麼想，但那樣的店始終不見開出來。爲什麼呢？因爲這樣的店需要也是家庭中的媽媽來開才成，坊間那些生意人開來開去總皆開不成這種店。

開這店的人，要有服務街坊的心情。

總算幸運，一年前台北東門市場開出了一爿這樣的小店。

張媽媽的自助餐，青菜的取捨很不同於坊間自助餐店的「行貨」式樣。她的每日配法，亦富變化，有時有**南瓜**，有時有**佛手瓜**；**莧菜**、**苦瓜**、**地瓜葉**等則是天天必備。另就是**紅燒胡蘿蔔**、**馬鈴薯**、**海帶結這道菜**，與**乾燒豆腐**等，頗有外省式風意，也是平常自助餐店吃不到的口味。至若她的**番茄炒蛋**，絕對不會勾芡，也不會弄得甜甜的。

最特別的，是一大鍋**紅燒肉**，帶皮又拖著一大塊瘦肉。同鍋的**滷蛋**也極好。許多媽媽們便是來此買上一大袋紅燒肉，再舀上很多的湯汁，如此回去可以吃個好幾餐，也可淋汁於麵條上，一舉數得。我常說，一個媽媽做出五十個媽媽的菜，如今這「張媽媽的店」，便做到了。

張媽媽一大早先去買菜，挑菜仔細，洗滌也勤，再一道一道烹製成桌上的令人垂涎的各樣菜色。有些靈修派的人士會說，人應當吃那些用愛心烹調出來的食物，身體才會健康、快樂。的確。

坊間自助餐店的菜，當你走進一看，便覺得如同是「做出爲陳列的」而不像是「爲了吃的」。何也，因完全沒用感情烹調。

此店另有一特點，中午十一時上菜，往往十一點四十分便幾乎無菜了，生意極好。吃它，必須趕早。

這位張媽媽，並不是一直做這行的「業界」，基本上是家庭中精於烹調的主婦。

她二十年前在高雄開過小店，已二十年沒開了。但正因如此，菜餚更有家中媽媽的風格。

二〇〇六年八月七日

杭州南路一段
金山南路一段
信義路一段
信義路二段
金山南路二段

地點：東門市場由信義路（「東門彈子房」入口）進入，
「羅媽媽米粉湯」向北走三十公尺。
時間：上午十一時至中午十二時左右
休假：周一

二八、民生東路史記牛肉麵

有一天，室內設計大師關傳雍打電話給我，問我吃過飯沒有，我說還沒。他說啊呀。我說怎麼了。他便說「可惜我剛剛吃完，早知道就找你了。」我說現在我趕來吃還來得及嗎，他忙說來得及來得及。

我們吃的店，便是「史記正宗牛肉麵」。據說開了已兩年，關傳雍和我皆是第一次吃，以前並不知道；一來是平日沒有讀飲食報導習慣，二來民生東路二段（中山北路與松江路之間）近日亦沒機會逛到。那天初嘗，便極驚艷，並且我在心裏說：各門各派牛肉麵的專門店之時代終於來了！

「史記」只賣麵，主要是牛肉類的，也兼及一款**擔擔麵**，與一款**酸辣麵**；乃店主自認他的擔擔麵等亦有獨到之處。**清燉牛肉麵**，確實在全台北，史記算最有特色的。湯呈奶白色，顯然牛骨熬得夠久；麵是雞蛋細麵，有微微的捲度，稍似拉麵之外觀，咬起來亦依稀有義大利麵一二風韻；這種雞蛋麵，初嘗頗好，但對麵條本質麥香深有嗜注者，或許還更樂意吃白麵。主要是不摻雞蛋的白麵，隨著湯煮的火候會呈現或硬或軟的自然變化；便是這股火候，令麵條像是一件活物；雞蛋麵，不知何者，有一絲死勁。麵上的那幾片「花花肉」，是「史記」的絕招，這用的大約是肋排下那一塊瘦肉，但這塊瘦肉恰好油花分佈很勻，燉燒之後，肉質最腴潤，尤其冬天，質地更好。畫家鄭在東，他太太的牛肉麵亦聞名於朋友圈，用的便是「一頭牛身上只有這麼一塊」的花花肉（無以名之，只好這麼稱）。

紅燒牛肉麵，史老闆也強調最不喜中藥調料，故絕不放藥包。紅燒的肉，切成方塊，咬下，有瘦肉絲裂開，卻並不柴，仍然頗嫩，也很不錯。

小菜，有**四川泡菜**、**熱花乾**、**耳絲**等。**紅燒豬腳**，史記稱「麻辣」，也相當可口。吃完麵，來一盒**奶酪**，亦甚甜香。若覺得口中滋味太厚，可以自取濃茶潤喉。

「史記」的餐具，值得一提。第一，麵碗最有品味，寬口，白瓷，最是北方吃麵不論是村是鎮的必然本色。金華街的那家牛肉麵老店與公館那家牛肉麵新店，用的皆是窄口碗，便最無法吃麵酣肆。

第二，用「要洗筷」而非免洗筷。足見他走在時潮的前端。須知近日早多有人不約而同想要除卻免洗竹筷之種種不淨、不環保、不舒服等劣質點。而恰好名店「鼎泰豐」亦立然改用「要洗筷」（且是檜皮色、有紋路有觸感的佳美品味塑料筷），至若天母「劉媽媽抄手」、延平北路「汕頭牛肉麵」、南昌路「牛雜」、永樂布市「清粥小菜」等亦早已如此，可見優店所見略同。

第三，他的店堂素淨，桌椅沉實，尤其是不用投射式鹵素燈，這是革除台灣式裝潢陋習的第一要務，加上筷有筷架，諸多開店觀念，教人自然猜想這或許是有獨到之處且最讓吃客舒服的牛肉麵專門店了。

二〇〇六年八月十四日

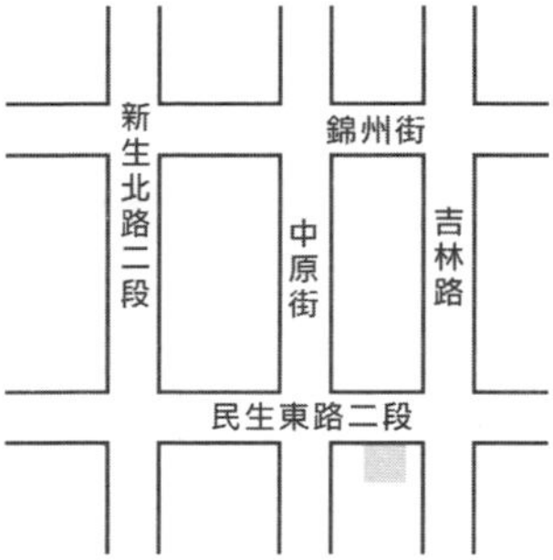

地點：民生東路二段六十號
電話：2563-3836
時間：【中餐】早上十一時半至下午三時
【晚餐】下午五時至晚上九時
休假：無休

二九、羅斯福路棉花田精力湯

吾人每日睜眼醒來，便爲吃飯奔走，好不辛苦。日日三餐，一頓接著一頓，究竟吃了些什麼，亦是糊里糊塗。幾個月前，特別到南投縣草屯與彰化縣王功，各去再訪蚵爹的名店，吃著吃著，也看著那鍋沸滾的油，思之再三，終決定還是暫不提筆去寫。何者？不健康油也。

小吃的範圍極廣，二十一世紀的小吃早已可以不囿於傳統的久久打一次牙祭而致製成多油、多嚼勁（如肉圓）、多酥炸（如蚵爹）、多重味（如麵線）、多肉（如肉羹）的諸多鄉土色彩，有時亦能偏重於養生。現在便說這一味精力湯。

精力湯，其實更像是汁，但早年譯成湯，易使人認爲是燉煮過的。其實它只是生菜打汁。

我常去的「棉花田」，在台電大樓對面，它的**精力湯**，是先傾些稀釋過的小麥草汁入果汁機，丟一兩小塊鳳梨與數片乾海帶芽，以高速打至極細。接著便是投菜葉，一般有地瓜葉、小白菜、八丁菜、高麗菜、苜蓿芽等；再加瓜子（南瓜子、葵瓜子等），加芝麻與穀粉（包含啤酒酵母、大豆卵磷脂）。再加一瓢梅子醬，便以慢速先打，打一陣，再以高速打個幾下，便成一杯泥糊狀的綠色精力湯。

由於精力湯並不很稀，故喝它還需稍稍咬嚼，齒間用了力，對吸收也較好。又湯有沫沫渣渣，喝吃它，得以在喉嚨、食道中緩緩沾附停留，此種高氧鮮綠質物亦可對平日廢氣密佈的都市人之上消化道有潔拭之作用。故精力湯不宜打得太細。

又精力湯最好空腹喝，效果最佳。這本是生機飲食派的良好觀念，一如食物攝取的順序最好是一、水果，二、蔬菜，三、穀物，四、肉類，如此才能獲得完全之消化。

由於是生葉現打，維他命與酵素最是豐沛；如果菜葉眞能是有機栽出，菜中吸取自良土而攜帶的微量元素更是我人身體最不當缺的。最好當場喝掉，帶回家再喝便失去了意義。

如今的維他命丸，已可製成無所不包的周全，但吞丸沒有進食之樂。故我總說，還是要以喝果汁或飲佳釀的情境來喝這杯精力湯，方是「快樂養生法」。尤其是一大早在台大校園運動完的老生生老太太，以微渴的狀態，空腹啜著這杯精力湯，看著教人最感到健康。

售精力湯的店頗多，有些店早幾年生意很好，後來被別的生機產品引開，精力湯便冷落了；「棉花田」空間寬敞，喝精力湯的男女老少極多，故菜的推陳出新較快，加以離家近，我隨時皆去喝上一杯。

二〇〇六年八月二十八日

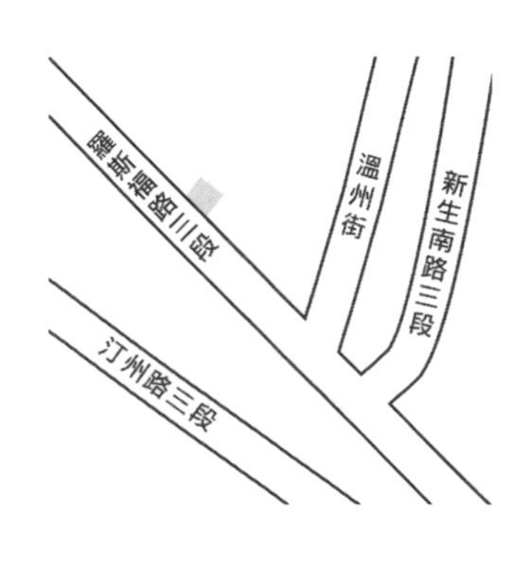

地點：羅斯福路三段二七三號之一（另有分店共六家）
電話：2364-8899（總公司）
時間：上午七時半至晚上九時
休假：無

三十、師大夜市巫雲咖哩

與世界名城柏林、巴黎、紐約、愛丁堡、京都等比較，台北似乎不夠瀟灑有風采；但說到「隨興吃、隨時吃」，台北卻是第一。尤其是半夜還有得吃。

我個人三更半夜去得最頻的店，叫「巫雲」，在師大夜市；一來固然為了排遣寂寥，二來的確為了滿足口腹之需。「巫雲」的菜，是雲南家庭口味式的簡餐，酸酸辣辣。店東姓李，然大家都叫他「老五」。是個緬甸僑生，原籍雲南，自小看媽媽做的料理便是這些酸酸辣辣風味，自己開店，遂做成這些獨樹一幟菜色。像「**黃燜雞**」、「**醋辣雞**」等簡餐，雞為主菜，旁有三、四樣配菜。

先說配菜。①紅燒豆干，豆干切薄片，再去滷燒。並不如坊間所製之黏膩，反是比較水滑，略有辣味，豆干又頗嫩，教人百吃不厭。②清炒高麗菜，手撕高麗菜葉，顯得葉片形狀比較天成，再炒得生熟度恰好，微帶脆勁。③有時換成四季豆，亦清炒，但火候稍求軟嫩些。④涼拌大黃瓜片，製得相當酸，幾乎是一道超酸的沙拉。嗜酸者，愛它愛得不得了；吃不來重酸者，則不斷的大口吞飯。⑤涼拌冬粉，頗有亞熱帶地域的零食口感。⑥炒酸筍，亦有調辣。

單這些配菜，便已見出此店的不凡手藝，但眞正最受核心老客人深深喜歡的主菜，是「咖哩」。其實應叫咖哩雞，尚有馬鈴薯塊；但大夥只稱「咖哩」。或許它最大的特色，便是這一碗咖哩汁。

它不同於印度、巴基斯坦那種南亞式咖哩，亦不同於馬來西亞、泰國那種東南亞式咖哩，更不同於日本、台灣那種黃薑式咖哩；它壓根便是老五自己獨門、卻仍有緬印（緬甸的印度風俗亦極深佈）正統調方的兼鎔一爐之咖哩。

咖哩製得極辣，我本不大能吃辣，但此店的咖哩特別有一股鮮氣，一小口一小口的吃，竟是不能停下。拌飯好吃，有時恨不得帶一條法國麵包，一片一片撕下來沾它；或是買一把白麵線請老五下，然後以咖哩汁來拌，必定好吃到絕了。

由於咖哩汁精采，但汁中滷的是雞翅，對今日不大吃坊間「快速激長」的雞之人（如我）而言，心生微憾；終是在每年「巫雲」尾牙老五把蹄膀丟進咖哩鍋那一晚，便趁機大打牙祭。

「巫雲」不只是餐館，更像聽黑膠唱片的「搖滾小酒館」，它是全台灣幾乎獨一無二還播放黑膠唱片的「特色小店」。又因老五有一種鬆閒的魅力，兼此店嬉皮情調濃郁，許多異國遊子皆有來此尋「家」之溫暖感，此是「巫雲」最教人難忘的地方。

二〇〇六年九月四日

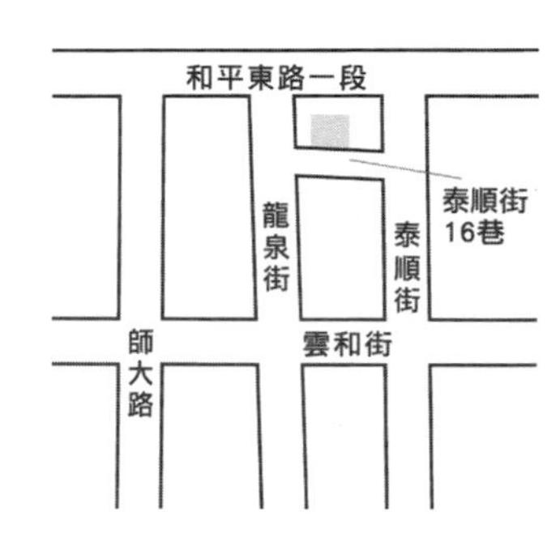

地點：泰順街十六巷三十九號（龍泉街口向南走，第三條巷子左轉）
電話：2369-3906
時間：晚上六時半至凌晨三時
休假：幾乎無休

三一、永康街Truffe One手工巧克力

永康街近年成了台北最優雅卻又最享樂的一塊區域，除了居民與店家自動將身邊環境打理得優質外，也實在與五十年前先天上是個好住家區有關。四、五十年前的所謂「東門町」，我亦略能言之；如兒時看病的「民生醫院」，如當年言蟹殼黃生煎包必指的是永康街，如昔年同學住的一條又一條巷子，如那些耆宿式的老店如「東門大藥房」的逐漸消失，太多太多，頗值一敘，然這裏先講今天的永康街。

今日最優雅的永康街，可由數個元素構成；先是路頭的「鼎泰豐」。再則是「永康公園」，堪稱台北的社區小公園中最佳範本。再則「回留」素菜館，素饌精美。再則三十一巷的「冶堂」，售優質茶葉，也呈現最具文人氣的茶文物空間。接著向南跨

過金華街的「小隱私廚」，初開便每晚排隊。再則七十七號的「發記古董」，室內擺設淡雅，院中盆栽妙手成春，文人與過客常在此喝茶歇腳。

終於，三個月前又多增了一個優雅元素，便是這家Truffe One（或可譯「松露1號」）手工巧克力店。此店一開，不惟令美食的永康街增加一個收嘴前甜食的完美性，也是我最常鼓倡小店應製最精最窄的食物之最佳楷模。

Truffe One賣的是「**松露巧克力**」。指的是形狀像松露，並非松露口味。形狀像松露，其實隱隱有「自然成形」的不規則之意。意即：不是壓模而出者也。

其口味，約保持十二種，隨季節更換果餡種類。果餡，是我個人感到在此最享受的部分。尤其是店家正在熬煉芒果或奇異果成果餡時，單單嗅著那種熱帶（或稱熱情）感的強烈沖香，並混著蜜濃之甜稠，便已是極好的芳香療法了。更別說待會輕輕咬下一口這種口味的巧克力時，內中的漿果似的蜜餡，發出幽幽晶光，既涵著微酸，又有些醇香一如醇厚老酒，卻終還是一味老少咸宜的甜物，怎不教人雀躍。

一個售三十五元，如同一杯便宜價格的咖啡。前面說的「輕輕咬下一口」，乃在於這是善待小小甜食的最應當態度。一來太多人並不需要過多的甜點或糖分，細細的品嘗較重要；二來巧克力是使人開心的撩撥物，三個兩個亦是韻趣盎然，並非像吃飯要吃飽或吃冰淇淋要吃過癮。

Truffe One的口味中，我認爲最特別的是「**石卓茶**」，它有高山茶的清香，又不會像日本抹茶無所不在的那種陳腔濫調。再就是「**柑橘**」，有一絲「九蒸九曬」似的多重熬糖工序：熬完，濾乾，置冷。再熬，再濾，再置冷，如此五至七天，但就是有這樣拗的人（如前幾篇我講的熬冬瓜茶的人），喜歡如此製作自己深以爲樂趣之事。台北就是需得如此，台灣就是需得如此。

二〇〇六年九月十一日

地點：永康街四十五之一號
電話：2391-5012
時間：下午三時至晚上九時
休假：周日與周一

三二、大稻埕慈聖宮葉家鹹粥

台灣小吃有許多「單一項目」，便是只賣這一口味，卻也甚是迷人。鹹粥便屬此。它不太像是正餐，只宜視為點心。心者，心下也，指胃；故點心，如同言「安胃」。

鹹粥，別看它這模模糊糊一鍋子，內中各物要烹製得好吃，也必須毫不含糊。台北鹹粥老店頗有一些，名氣也皆不差，吃客亦俱不少，然我吃著覺得最稱佳味的，是延平北路慈聖宮前，左手第四攤的「葉家肉粥」。

台灣的鹹粥，此「粥」者，指的不是稀飯，而比較像是泡飯。其口感之要求，在於能咀嚼到米粒，又能喝到湯汁；與稀飯之咬不到米粒、卻能喝到糊膏之口感甚是不同。

鹹粥的湯汁，必須淡中帶鮮；這是不容易拿捏的。有的店下料太複雜（又丟干貝、又丟火腿）或是太油，便是把粥不當粥的誤解。

葉家稱**肉粥**，最主要是粥中的**赤肉**極佳。這赤肉，或可稱肉羹，葉家是用切的，而非用絞的，最有嚼頭，而鞣拍、調粉、浸酒等過程亦極細膩，特別好吃。這肉羹即使自粥中抽出來，與台北諸多肉羹店攤相比，也比他們出色。

粥中又微微能嘗到一縷縷的蔬菜絲條，不甚明顯，但又似乎很必要；我每次皆忘了問老闆，竊想莫非是芥藍（大頭菜）絲，要不就是蘿蔔絲，總之沒有它還眞不行，還眞少了那麼一點清爽的素嚼物。寫及此，更想到湯汁點心其實不能忽略某些細節；如一小撮的芹菜丁，往往極助嚼感。

我吃鹹粥，另有一項麻煩，便是若有閒工夫，會把小蝦米挑掉，乃不食也。

鹹粥攤多半還賣炸物，葉家亦然。**炸蚵仔**、**炸蝦仁**、**紅糟肉**固然不在話下，他更特別的，是**炸海鰻**（六十元），頗鮮嫩。另就是**炸豬肝**，嚼感也特別，這皆是台式小吃很簡略卻又很有神來之筆的味覺料理。我雖油炸東西吃得少，但兩三人同來，便趁機不放過。

慈聖宮前小攤甚多，早是饕客的小天堂；葉家向左兩攤的「四神湯」，很得近年頻得歐美大獎的建築師林洲民所盛讚；而再向左三攤的「豬腳麵線」，肥瘦任挑，開至最晚，華燈初上（約七時）猶有得吃。

二〇〇六年九月二十五日

地點：延平北路二段二二五巷進入。面向慈聖宮，左面第四攤。

或：保安街四十九巷三十二號對面。

時間：上午九時至下午四時

休假：每兩周的周二至周五之中選一天

涼州街
慈聖宮
甘州街
延平北路二段
保安街
重慶北路二段

三三、師大路市場口炒米粉

數月前講了延平北路的「旗魚米粉」，是爲湯米粉；今天來講一家炒米粉。

市場口，指的是師大路龍泉市場，又恰好緊鄰著「頂好」超市；但「炒米粉」不做白天生意，只賣晚上，尤其是消夜。攤子招牌稱「生炒花枝」，以前還賣炒鱔魚，但我最常吃的，是炒米粉。

這小攤也已兩代，如今掌杓的是少東，而老老闆仍在旁邊，隨時幫忙準備材料。說到掌杓，乃此店的炒法極富熱情，爐頭上的聲與光極其旺烈翻騰；譬似炒米粉，先熱鍋，擱少油，丟蒜茸與辣椒末（我則囑不放）爆香，投肉絲與大把高麗菜與少許青江菜共炒幾秒，急加醬油與黑醋（我亦囑黑醋減量），隨即加水，開大火，投乾米粉，蓋鍋悶煮。

此時多半移此鍋至第二爐頭燒煮，再在第一爐頭上炒新東西。兩者皆嘩嘩大火，好不熱旺，候食者也看得心神振奮，吃興增高。須知此時往往是半夜一點，而不遠處的師大路pub群或夜市人潮也正洶湧不歇，兩相映照，更顯出此攤消夜之重要。

由於是蓋鍋悶煮，又兼油擱不多，這店的炒米粉最不油，也最淡適。或也正因「油炒」感很不足，故其醋汁下得稍多，竟有些「醋香米粉」之味況。故我總囑「少醋」。又最前的爆蒜茸，我也煩勞他別擱，否則大口咬嚼米粉時總吃到太多蒜丁，整盤味道全讓它霸搶了。

這炒米粉，放得稍溫涼些，則味更佳。須知米粉一物，離鍋後，猶有一段吸汁與接觸冷空氣後收乾的過程，等這幾分鐘，絕對值得。甚至有的人買了帶走，到家已涼了，居然更好吃，便是此理。

此攤的份量頗大，肉絲炒米粉六十元，回家倒出來，竟得兩碗公。最爽的是，它的菜碼擱（幾應稱「投」了）得極多，愛吃青菜的人，必定最感過癮。或許爲了如此，店家索性加了一道「**蔬菜炒米粉**」，四十元，一切照前，除了不加肉絲外。

我吃此攤頗多年了。其招牌菜是「**生炒花枝**」，可知是台式急火快炒之店。**炒下水**、**炒鱔魚**皆見功力。後來又賣**麻辣臭豆腐**。以前只有炒麵；由於是油麵，摻了鹼，我吃得不多。曾經想建議他也用些白麵，或是加一項炒飯，但始終不好意思開口。沒有想到這一年來竟然增加了炒米粉，怎不教人興奮。

二〇〇六年十月二日

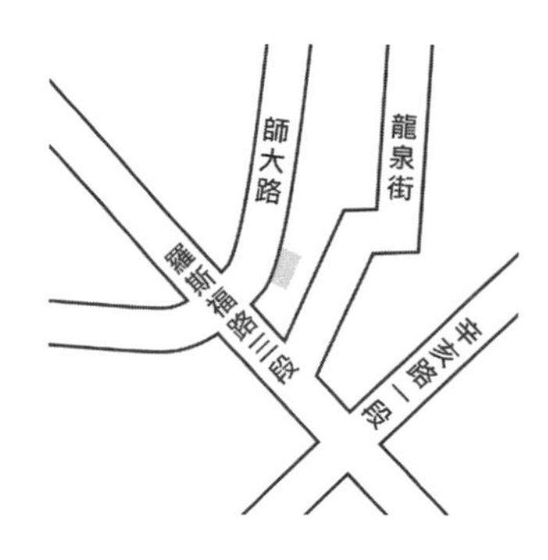

地點：師大路近羅斯福路（頂好超市旁）
時間：下午五時至凌晨二時
休假：周二

三四、師大路口「永和」水煎包

水煎包是很獨樹一幟的小吃產品。我常遐想台北各區皆有個一兩攤水煎包推車，包子出爐前，已圍滿了人；鍋蓋一掀，便一鏟一鏟的賣個精光。是的，我眞常這麼遐想，也和朋友這麼聊天；但是這麼多年來，這樣的景象不怎麼出現過。

好的水煎包推車，應是每天下午三點將車才剛停到定點，附近的老人小孩、男男女女皆忙著下樓往它奔來，等待掀鍋那一刻的午後興奮。只要它有一天沒來，大夥皆會失落至極。

今天要談的水煎包，不賣下午，是早上豆漿店賣的諸多早點中之一項；但因特別，十一年來，我吃過無數次，現在把它介紹出來。

所謂特別，是它純粹；也就是只包高麗菜。既不含肉末，也不擱蝦米，連香菇絲也沒有。近年微微加了稀疏的粉絲，一來完全不改其純粹性，二來粉絲的質感甚而益添滑潤。

這樣的煎包，一口咬下，只見白與淺綠兩色，十分清淡，照說很該讓國人懷疑其滋味或會不足；但店家竟這麼做了，而客人也這麼吃了；這毋寧極是有趣。

這高麗菜餡並不炒，是其最大的特色。也就是它吃來最無高麗菜經炒後的老味與油浸氣。它是怎麼做呢？菜先剁碎，撒鹽，以手勻勻拌之，拌個幾十下，且去忙別的，令菜出水。過一會兒再拌，再擱下。總之令高麗菜出水至相當程度。這工程只需半小時至一小時，又不用時時動手，最後在菜上淋一些麻油，便成了青脆卻又不生澀的佳餡。

由於全是蔬菜，吃來最不撐，我每次乘火車南下考察小吃，總是帶兩個上車吃。若有同行朋友，也幫他們買好，乃這樣吃完，三、四小時後下車，可以繼續吃當地小吃。

此店招牌稱「永和豆漿」，當年頂下時名稱已在。賣的自然是早點，燒餅油條蛋餅等不在話下。但**水煎包**最特別。另外**鹹酥餅**也佳，包蔥花，微有腐乳調味，鮮香四溢。至若它的**胡椒蔥花捲**也不錯，夾蛋或是買回家抹上牛油，或是就著一碗羅宋湯吃，皆宜。

此店由於後室沒法開窗，坐店吃沒有外帶來得好，乃油煙氣不免沾衣也。

二〇〇六年十月九日

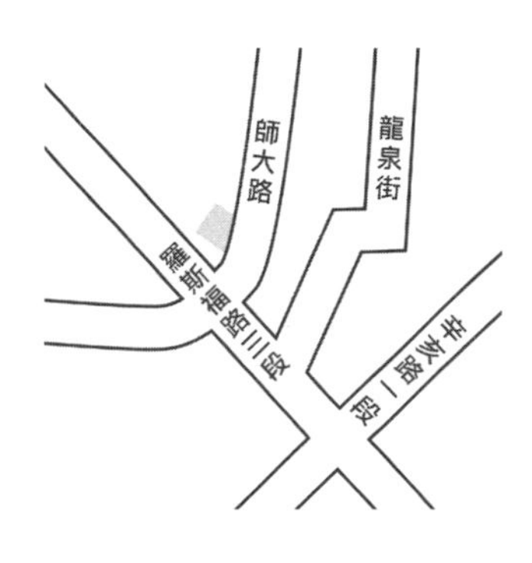

地點：師大路一二八號之一（近羅斯福路口）
時間：上午六時至九時半
休假：幾乎無休

三五、延平南路中原福州乾麵

西門町，曾經是台北市遊樂的中心。即使今日仍是電影院之集中地，一千個座位的大型電影院仍不乏。我若觀影，總盡量先考慮西門町，一者固爲了大廳，再者則是年少時的歷史感情因素。然而吃小吃呢？西門町確實是式微了。舊的店因年歲（如「山西館」）或拆除（如「中華商場」）而凋零，新的佳店又開不進去，遂造成西門町愈發沒什麼小吃了。

這會兒說一家「中原福州乾麵」，在西門町的邊邊上，已貼近小南門，倒有點老年代老店堂中吃麵的氣氛。

福州乾麵幾可說是博愛特區的專利；四、五十年來，台北的福州乾麵大多環繞著總統府左右。前幾年「最高法院」還沒建時，延平南路一二一巷幾可稱為「福州乾麵」巷。幾十年來，供職國防部、交通部的人吃它，在總統府當憲兵的也吃它；北一女的高中女生吃它，貴陽街靜心小學的小孩被大人帶著也吃它。

歲月不饒人，許多集聚的攤子終須星散，東走西遷，只剩下一家仍開在延平南路上的「中原」。

福州乾麵堪稱麵中最簡潔者；小小一碗，看似麵上啥也沒有，實則醬滷早被白麵完全吸入，七八口可以盡之，香潤盡得，乾脆又酣肆。

福州乾麵最關鍵的，在那一匙「油汁」。雖大夥習於隨口謂「豬油拌麵」云云，然這豬油非只是將肥肉炸成豬油那麼等閒而已，是特別將豬的肥腴部分，包括豬皮、肥筋或甚至蹄膀等熬煉多時，並且略事調味（如與豆醬等合燒），終成一桶「油汁」。這油汁看來絕不渾，亦不稠，然調一匙在麵裏，整碗麵便鮮味豐釅，卻又絕沒有豬油之渾膩。

但即使如此，吃如此的乾麵，仍要加些許的黑醋，才更可令之清香灑逸。

「中原」看上去人來人往，店家忙手忙腳，但那一匙油汁竟是毫不含糊，吃來全不渾膩，洵是福州麵家本色。須知品賞福州乾麵有一訣竅，便是吃完一碗小碗，不可有脹撐難受的感覺；若有，便是油汁不佳也。

吃乾麵，配湯亦有講求。**魚丸湯**或**餛飩湯**，皆甚合。「中原」的魚丸頗好，許是選了好店叫來。餛飩是自家包的，居然相當出色，餡與皮的比例也恰好，不會像有些小麵攤的扁食，皮又硬又四周是粉，且餡被壓扁至極少；也不會像有些「溫州大餛飩」店的餡過多又過於肉兮兮的，而皮薄到隨時會碎。「中原」的餡或許以調羹拌得有勁道，故吃來咬勁甚好。更好的，是可以叫「**餛飩魚丸湯**」，則一碗中兩者皆有了。

二〇〇六年十月二十三日

地點：延平南路一六四號
電話：2331-2326
時間：上午七時至晚上六時
休假：周六、日與國定假日

三六、中原街腰子冬粉

不少讀者注意到了，會看出來我談小吃常常傾向於口味清淡者。的確如此。其實濃郁的滋味亦甚過癮，我甚至嘗想教自己每日做大量勞力的工作，看看能不能換來消化濃油厚味的強健胃力。

寒冷的天氣亦幫助人吃得了濃稠的油膩食物。且看冬日遊京都，總覺得倘若菜裏面再多一些油水，便會更滿足。

今天介紹的這家「玉山冬粉店」，被極多行家認爲是台北吃腰子最鮮、最嫩、切得最薄脆恰好的一家老舖子，確實是也。主要自上一代起，老掌櫃天沒亮在各大菜場挑豬腰便是每一個肉攤子只挑最優質的腰子一兩副，合好幾處肉攤才將食材買齊。然後回來剔筋、瀝血水、瀉腥氣，便有如此講究工序，令他幾十年來賣得好腰子。

昔年，身強力壯者一大早進店，坐下，傳統上點一碗乾的冬粉，一碗腰子湯，或再切一碟燙的肝連，或是豬肝（此亦極嫩，亦稱招牌），或是粉腸；便這麼又有湯、又有主食似的冬粉、又有咬嚼富勁的小菜，如此豐盛的完成一頓早飯。但今日不少人漸漸不這麼吃了。至少我是沒法這麼吃了。

主要在於那碗乾的冬粉。這便是開頭說的清淡話題。乾冬粉的豬油太過濃稠，造成腹脹味塞，也造成細細品嘗腰子的專注也給打散了。何可惜也。

如今我學乖了。每次皆點一碗**腰子冬粉湯**，並囑不放豬油、味精。事實上這一碗湯因是大骨熬底，原本鮮醇已足，又加腰、肝時時過水，更是臟腑的蘊鮮豐盈。這碗中腰子薄顫滑潤，而冬粉清爽晶亮，湯不渾，量不大，允是最佳早點。

若一早吃完，將去爬山，往往外帶一個肉粽、一個肉包，兩三小時後在山腰途中冷吃，竟是更佳。這肉粽雖是自外面叫來，亦是老鋪；米粒是蒸熟的，我覺得不比那常受盛讚的南部名粽字號差。

倘與三兩同伴共食，則可加點幾盤燙的腰子、豬肝、粉腸等碟菜。若不特別明說，店家會主動加辣。而他的辣油，是自己特別調製的，亦滿引以爲傲，我雖少吃辣，也覺得好吃。

二〇〇六年十一月二十日

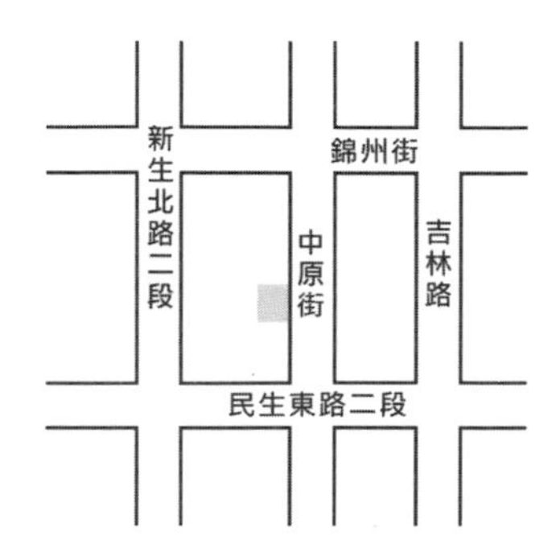

地點：中原街六十號
時間：上午五時半至下午一時
休假：周六、日

三七、華山市場阜杭豆漿

冬天天亮得晚。清晨五點半，當天還黑朦朦的，只見遠處有一縷縷的煙汽升起，這時候最叫人興起吃早點的欲望。並且這早點最好是豆漿與燒餅油條那種傳統風味。

台北的可愛，在於傳統模樣的豆漿店還頗有不少，替清冷的早晨增加些許暖意，甚至令人還能發一襲懷舊的幽情。

這種豆漿店中最大的，最一大早便忙個不停各司其職的，是華山市場二樓的「阜杭」。所謂各司其職，便是煮豆漿的煮豆漿，烤燒餅的烤燒餅，炸油條的炸油條，每一樣東西皆需做出頗大數量。

以鹹酥餅或菱形燒餅（包油條的那種）爲例，不少客人吃完後還外帶幾十個，在家慢慢吃。更多的是上班族匆匆買了到辦公室再找時間吃。但我覺得最有老年代風情的吃法仍是必須坐店吃，並且是天將亮未亮之時，如早上六點，這時客人還不多，但店家的氣氛已極熱火。

此時一夥人同來，譬如下了牌桌的四人，點上一堆東西，大夥分一分；如燒餅油條剪開，每人吃半套；豆漿可以甜的吃半碗，鹹的也吃半碗；蛋餅只吃一兩片，酥餅亦可甜鹹皆嘗一些；如此之類，便不會太膩。

我早說過上豆漿店有兩恨：一恨豆漿太燙，二恨燒餅油條一套太大。豆漿太燙，我同朋友探討過，只能猜想或許是爲了有人要打蛋，但不管如何，燙豆漿擱你面前，吹了半天，二十分鐘過去也只是吃下幾口；實在是吃客痛苦而店家的桌位流動極慢，兩皆不利。

燒餅油條，何以如此大？亦是有趣課題。真一套吃完，別的種類已沒法再叫；更何況吃下那麼多的油條量，往往又要等好幾個月才想再碰油條。雖然它有時真是那麼好吃。

「阜杭」的氣氛，總是叫人想多點些，且看所有的東西皆是現揉現做現烤出來的，而豆漿的水汽、餅的烤香氣、工作人員如一大家庭的忙之又忙，在在慫恿人大快朵頤；是的，便是這樣一種吃早點的氛圍，最讓我這種天涯漂泊的遊子喜歡，更好的是與幾個朋友同來，邊聊邊吃，忘了豆漿的滾燙，且每樣東西分食一些，不至太撐太膩，卻又冬日清晨的溫暖獲得了，濃郁香脆的食物也備嘗了，豈不最是美事？

有識者謂，食物無所謂健康或不健康之區別，只看你如何拿捏。油條固然不算太健康，只要在好的心情好的氣氛下吃得又不太多，可能在精神與物資的綜合面上，最有益身心也不一定，不是嗎？

二〇〇六年十二月二十五日

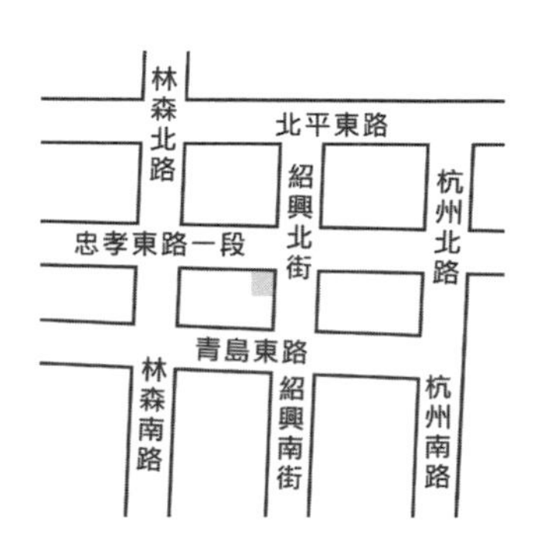

地點：忠孝東路一段一〇八號二樓之二十八（華山市場二樓）
電話：2392-2175
時間：上午五時半至十時半
休假：無休

三八、天母茉莉漢堡

冬季天冷，胃口比較好，平常不大吃的西洋速食，竟然也常想吃它一吃；並且不只嘗一味，而是六、七種不同樣式，鹹的甜的，炸的燴的，全吃。

天母的「茉莉漢堡」，開了近三十年，它在台北，有極教人懷念的可稱之爲「美軍駐紮年代的西洋氣氛」之牽繫。如今的天母，自八十年代的快速「新穎化」（gentrified），這二十多年來已改變許多，但你走進「茉莉」，喝一瓶玻璃瓶裝的可口可樂，吃一個不加起司的漢堡，加一小圈洋蔥，擠一小撮芥末，再擠更小撮的番茄醬，一口咬下，耳中傳來ＩＣＲＴ（即昔日的「美軍電台」）的西洋歌曲，仍能約略捕捉到一絲六、七十年代台北北郊的當年高昂騷動的時代情致。

茉莉漢堡，店稱「漢堡」，除了賣漢堡，還賣青春氣氛；這就像麥當勞賣的是「兒童無邪」一樣。美國的小鎮邊邊上的深夜漢堡店，便是供青少年尋取哥兒們熱鬧感與那一份自由暢肆，而服務人員有時還穿溜冰鞋送菜至你的汽車。

漢堡，是不這麼簡單的食物；好的漢堡，不是每家店皆做得出來的。往往老派的酒吧賣的漢堡比餐館還厲害，紐奧良「法國區」東緣的Port of Call酒吧做的漢堡，便非尋常店堪比。

「茉莉」所製，是簡易漢堡；不是用生牛肉的球狀隆起，放到鐵板上煎，很快便熟，沒有汁水；故吃時不加起司較宜，並略擱芥末、番茄醬。又「茉莉」的漢堡有一優點，份量不大，吃來不膩，故可多點幾味。如**火腿蛋三明治**，白吐司淺抹一刀牛油，置鐵板上微烙，再夾火腿與荷包蛋。如**法國吐司**，「茉莉」的法國吐司蛋漿包得很勻，吐司柔軟有彈性。如**咖哩雞飯**，是一種中西合璧的燴飯，主要與三兩同伴分食，每種嘗幾口，尤其可以吃到很多糊糊醬醬（包括玉米濃湯的糊稠感），頓時回到了童子軍時期的露營飯風情，一頓飯下來，用了七、八張餐巾紙，怎不叫過癮！

另外它的**酸黃瓜**，比猶太熟肉店的醃得淺些，倒是油炸物的佐配良品。**可樂與雪碧**，皆是瓶裝，比鐵罐與保特瓶裝者，味道好得多。

茉莉一早八點就開，自然供應美式早餐，倒是將來要在中山北路七段底的陽明山古道早上爬山完畢時，可在此閒坐一吃。

其實「茉莉」的人氣一直很旺，主要站在櫃檯點餐，看他們快手現做，即時餐熟端上，再捧至二樓食堂慢慢享用，身旁全是各處來的青春男女，這種氛圍，便深有觀光玩樂的感覺了。

二〇〇七年一月八日

地點：中山北路六段七五二號
電話：2871-4997
時間：上午八時至晚上十時
休假：三大節外，甚少休息

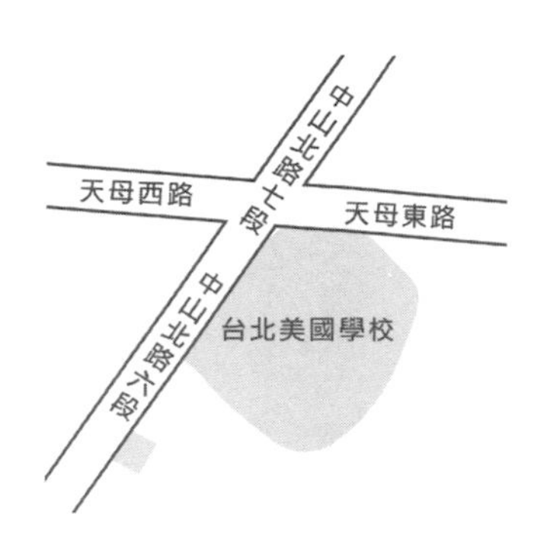

三九、三張犁南村炒麵

南村，是四四南村的簡稱，與四四東村、四四西村皆是環處四四兵工廠的眷村，惟獨沒有北村。

今日信義計畫區有影城華納威秀，四十多年前三張犁第一家電影院（即前幾年收掉的「僑聲」）開辦前，眷村裏也看得到電影，便是拉起一張大布帷，露天放映。故說三張犁的滄海桑田感，在全台北中最是深濃。

如今的「南村小吃店」，已搬到信義國中的對面，與我二十多年前初吃時所在的眷村舊址，已有不少變化。猶記我初吃時，似還沒有蒸螃蟹；這麼多年過去，我至今尚無機會一嘗螃蟹。或許我來此只圖最簡快的小吃，十五分鐘便可完事，螃蟹這種慢條斯理又費嚼工的東西，我幾乎沒在外頭店裏吃過。再就是小吃店裏，我亦不喝酒；除了沒那個閒情外，也有點遵照有些老江湖所謂的「小吃攤喝酒，須防江湖險惡」。

今日的「南村小吃店」，不知怎的，我覺得比在眷村時更好吃了。或許是食品項目更一目瞭然，你若有經驗，選定三五樣，便可極輕鬆極舒服的享用它。眷村時期的「南村」，你吃得比較倉皇，點來的東西也往往諸物雜陳，吃完後有些模糊的感受。

兩、三人去，我總點滷菜類中的**海帶**（二個）、**豆皮**（一片），偶再加一個**雞肝**。再加一盤**拍黃瓜**（七十元），吃這些前菜時，同時等熱菜與麵不久上桌。

熱菜中，**番茄炒蛋**、**炒青江菜**皆是常項，做得極有家庭風致，比餐廳做得好，乃做得清雅。又非小麵攤所能製出。

然若我一人去，則點的多是**番茄高麗菜**（一百二十元）。乃一盤中既如醋溜般的酸香，又有高麗菜的腴厚，且顏色教人興奮，蔬葉的纖維又富，恰可平衡其他食物不免泛出之膩。

又我一人來此，主要爲了吃它的那**盤炒麵**（五十五元，大盤七十五元）。所謂炒麵，是炒家常麵，與外間千家萬家炒麵店的炒油麵當然極不一樣。四十年前，成功中學外青島東路有老頭賣「蛋乾拌」亦是此種佳味。「南村」的炒家常麵，先將手擀家常麵下好，再投入炒了肉絲、蛋花、青江菜等麵碼中，淺淺共炒，像是略作攪拌，如此便極好。若麵條上微沁粉汁，則炒出的麵汁尤美。乃它融進了肉絲的鮮味，又加上蛋糊炒進去的微微蛋腥氣的那股香味，最是好吃。當然最可貴的，仍是麵條；據云，他們只用最平白無奇的麵粉，與水摻和，在和麵機上攪成麵糰，再手工擀成麵皮，切成麵條，此之謂家常麵。而此種簡之又簡，樸之又樸，拙之又拙的麵條，便就是最吃之不厭的雋永好味。

二〇〇七年一月二十九日

地點：莊敬路四二三巷八弄十四號（信義國中對面）
電話：2720-7388
時間：上午十一時至下午二時半；下午五時至晚上十一時
休假：周日

四十、古亭市場水煎包

日前在一家小館吃飯，此店開沒幾個月，生意頗旺，製吃亦尚可；但稍一細看便知有每況愈下的潛力，不想席間聽到客人與店長在聊「年菜」種種，心道：台北又添一家垃圾菜館矣。

餐廳之經營何不易也。乃人總妄想可以處理大堆頭事項。只要揣測後面廚房的師傅人數與冰箱中材料之儲積狀況，便教人不自禁憂心這幾個應時上工、按時下班的吃頭路者如何妥善處置這些深藏凍櫃中的雞鴨魚肉。

今日事今日畢的吃店，絕對會是二十一世紀的趨勢。例如一天只賣六十個便當，一天只賣二百個粽子，一天只賣六百個蔥花麵包，一天只賣五鍋菜飯……凡此等等；每天賣完，挑起擔子，唱著山歌回家，這才是人生的高尚境界。

水煎包也該這麼賣法。

古亭市場口有一小攤，每天下午兩點半開鍋賣水煎包，到七點半關火收攤，十分規律。這攤子早上賣油飯，下午才由這家姓孫的老闆租下賣水煎包。分時段租用攤位，地盡其利，極是環保。

由於只賣五小時，包子是在家中一早先包好，到攤上僅僅上鍋去煎，省了現場包餡的工程，倒是好方法。

孫家的包子有二種口味，**高麗菜豬肉與韭菜**。我吃的多半是前者，除了韭菜吃在腹中常要出嗝，也實在豬肉與高麗菜共融一餡，最與脾胃相親，加以我總在散步時吃它，每次兩只，其量正好，還沒走到師大，已吃光。

孫家煎包最大的特色，是最平白無奇、最沒有怪味的做法。這話說來簡單，但求之於全島多攤，幾家能夠？

有些製餡者，求好心切，怕只用豬肉與高麗菜或許味道太單調，便使上一些手腳，或加上幾莖胡蘿蔔絲，或加上幾條豆腐泡切絲，或加上香菇絲，結果你一口咬下，總感到一股陳耗味（來自豆腐泡與香菇）或是一襲怪甜氣（來自使力迸發的胡蘿蔔）；便有這些雜添之味，何曾比清清爽爽的純粹豬肉與高麗菜兩相捏合（甚至連醬油亦不輕加）來得香郁並且清正？

並且孫家的調麵亦最簡潔，故他的蔥油餅放冷了亦不硬死，也不發ㄏㄠ。

倘說惟一的不足，是煎包的木板鍋蓋應當再沉重些，令水煎時的蒸汽溫度更燙強些，如此深處皮厚（因包自家中）中的豬肉末則可不至太生矣。

二〇〇七年二月十二日

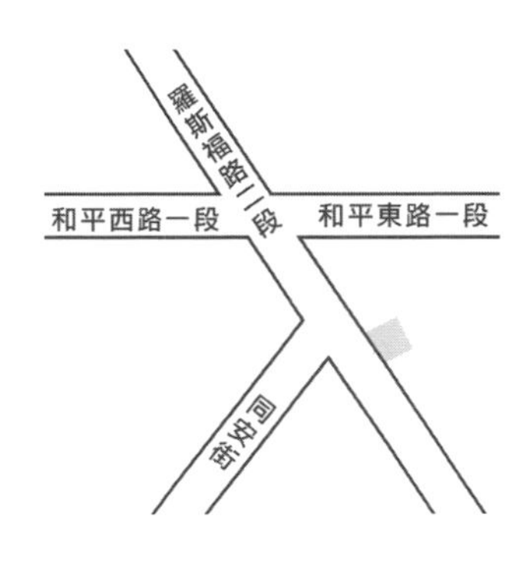

地點：羅斯福路二段七十七巷口（古亭市場口），近捷運古亭站
時間：下午二時半至七時半
休假：周六、周日

四一、公館水源市場甘蔗汁

一九九〇年自美國回到台灣，發現故鄉有些許變化；什麼變化？街頭的甘蔗汁攤子少了。

台灣盛產甘蔗，將一捆捆的甘蔗拆散，斬掉尾根，刨掉鬚莖，再洗刷黑皮，接著削皮，這便是一根可食的甘蔗了。這是我自幼時便隨處見到的甘蔗風景，至今難忘。尤其在盛收之日，有的批發甘蔗者索性弄出一場「賭削甘蔗」之局。其法是取一根甘蔗，使直直站立，令賭者出極少之錢（如一元之類），將此甘蔗由頭往下削，只許一刀，削掉多少皮，這甘蔗便有多少屬於你。故而善削者常能一刀由頭至尾，幾乎全根削到；不善者卻往往只削到一節而已。

削甘蔗的刀，亦是一種特別形制，是兩片隔得較開的刃，兩刃的角度傾斜頗大，如同刨子的功能，如此以之刨推蔗皮，才能夠力。又它的木柄，亦甚粗，如此才好使力。

早期的榨甘蔗汁的機器，像是水門的開閘機，那種圓形如方向盤的轉軸。有的家庭居然也備有，或許太喜歡喝甘蔗汁了。記得小時有一朋友家便有一台此種榨汁機，他們把壓出的甘蔗汁倒在熬之至稠的稀飯上，趁熱喝下，玉液瓊漿其非此謂！

九十年代在台灣逐漸學會了喝酒，有時醉酒次日，極思喝甘蔗汁，終於發現了這家水源市場內的甘蔗汁攤。

甘蔗汁攤逐漸變少的原因，主要在於甘蔗汁必須現榨，而現榨則依賴不少裝備，故而設攤不易。

水源市場這家攤子，便是一杯一杯的現榨；甚至有時忙起來剛被買掉幾瓶，還必須即時新削甘蔗。這種新鮮的榨出之汁，最沒有轉化後之糖害。

甘蔗汁由於極甜，台灣一向在起杯前加幾滴檸檬汁，令其有一襲酸香的沖勁，這是亞熱帶自然而然發展出來的佳良口味，一如在西瓜片上抹些鹽可稱同理。

但此店的「**檸檬甘蔗汁**」與「**金桔甘蔗汁**」更是美化了這分口味，令之更加豐富。

另就是「**蘋果甘蔗汁**」，除了甜潤，尚加多了蘋果的木質泡沫下的香氣，眞是南國彌足珍貴的享受。它的「**蔓越莓汁**」，乃是生的蔓越莓與甘蔗汁一起放進果汁機去絞打，故蔓越莓極酸而甘蔗汁極甜，正好中和。

此店最優一點，是全用原材去打，而無需加糖。這是小果汁店最難能可貴的品質。且看芭樂打汁，必定不夠甜；故它這裏設計成與鳳梨同打，便頗甜。或是與蘋果同打，亦得到相當的清甜香腴。

二〇〇七年三月十二日

舟山路
羅斯福路四段
汀州路三段

地點：羅斯福路四段九十二號（水源市場一樓四十二號攤）
時間：上午八時半至晚上六時
休假：每月第二與第四個周一（再加市場之例行公休）

四二、永康街秀蘭小吃

今天談的這家店，轉眼已是二十年老店；二十年來，一直被稱爲「爭議性頗大的店」，據說是在於其菜單沒有標價，客人結帳時常弄到爭執不快。這類事情聽了多年，好在自己在此店全盛時期去的次數不多，尙不曾遭遇到。

前些時，偶取menu，赫然發現菜上竟已有了價格，再稍寓目，才知平日自己瞎子摸象似的所點幾個菜，所幸還不甚貴，這便興起「如何在稍貴館子裏吃小吃」的念頭，致有此文。

「秀蘭」最佳是**獅子頭**，肉圓鬆軟，一咬即卸。不似有些外行所製之抹粉變緊，咬亦咬不下，且到處是粉劑怪味。也不似有些製得太瘦，嚼來乾焦，甚至肉圓還特別油炸得太過，令外皮如同泥封，這麼一來，獅子頭的內部香韻無法釋給大白菜，而大白菜的水分與植物自然攜帶的酸香亦無法中和肉圓的腴膩。

「秀蘭」的獅子頭沒有這些問題，簡單好吃。大白菜的燉燒亦正好，醬油的施放亦恰好，不過深。這種種已像極了家庭中的簡淡清美，這是最值得讚賞之處。即使它未必是揚州嚴格老法要求的「肉要刀工細細切條，不宜剁，更不准絞」，但已然合乎現代的簡單好吃。

最重要的，它不貴。小份的，三百元，以沙鍋端上，獅子頭兩大顆，白菜鋪滿。

若三人同去，點獅子頭、**烤芥菜**（一百八十元）、**油燜筍**（一百元）、**青椒鑲肉**（三十元一條，每人點兩條）、**蘿蔔牛肉**（半筋半肉，約四百元）、**菜飯**（一碗二十元），如此吃完，一人所費不過四百多元，這消費在台北，應該還算可以。

但這實在還只能算是小吃。而恰好「秀蘭」最適合小吃，尤其是它的冷盤小菜。

先說烤芥菜。這裏的烤芥菜，已是新式做法，「烤」得比較淺。

「烤」是寧波話，意謂「重燒」。秀蘭這款小菜，用較細的梗子，與寧波老式所用粗梗、細梗、葉子、花等等一起烤，已是截然不同，但照樣很好吃。

青椒鑲肉，也是這店的名菜，一條三十元，但青椒頗辣，不食辣者當留意。蔥烤鯽魚，一條要二百二十元，不算太便宜，但若買一兩尾帶回家下酒，確實又很經吃。

「秀蘭」是極少數我在此小吃專欄會提到的餐廳，但若以小吃的簡簡三數味方式去吃，亦會吃得舒服。

君不見，我剛才說的三人去吃，竟連湯也沒點；然則湯是最難的，還不如待會兒到永康街十三巷口，喝一杯「阿婆柳丁汁」算了。

二〇〇七年三月二十六日

地點：信義路二段一九八巷五號之五
電話：2394-3905
時間：上午十一時半至下午二時半；下午五時半至晚上九時
休假：周一

四三、東門市場滷肉飯

寫專欄介紹小吃鋪子，常思讀者究竟最喜何者；哦，是了，最喜牛肉麵。乃這是全家皆可入座、皆可當做一頓飯處置掉的場合。若是蚵仔麵線，則好不容易等了一星期掀開周刊想找一地方好幾人可同赴吃飯，結果只是一麵線攤，豈不教人失望！

然小吃的實況確有如此。能夠全家坐下、舒舒服服、有麵有菜有湯，如此周全完備的店，委實不多。這也是我爲什麼不選「餐館」（restaurant）來寫的主要理由。

故選買小吃亦有技術，謂「雜湊」也。譬似買「秦家餅店」（仁愛圓環，四維路巷內）的乾烙蔥油餅，再去「鼎泰豐」（信義路永康街口）外帶它的「小菜」（即豆干絲、海帶絲、粉絲、豆芽菜四味拌成），如此返家，一層層撕下油餅，就著這極富醋香滋味的小菜而吃，這便最好。若是再有一碗濃郁香烈的牛肉湯，則不妨晚上至延平北路三段六十號的「汕頭牛肉麵」攤買上一大袋牛肉湯。至若想吃上幾顆魚丸，亦可早上在「林家乾麵」（泉州街十一號）與店家商量買個十來顆乾魚丸帶走。

這些皆是台北所製足以傲視世界的小東西，只是取用它須得稍費周章與些許巧思。

然我人每日究竟想吃什麼？以我而言，我最想捧著一碗白飯，對著兩三碟清淡小菜，坐在板凳上，速速五分鐘將之吃完。便好像幼時見農家收割時，助割者放下鎌刀，對著送來的食擔中取出之飯菜那麼樣的吃法。他們不知是因爲久幹粗活還是什麼的，握筷子總把食指翹出，像是指著對方。

東門市場中有一家小攤，小到只像是賣四菜一飯，而這一飯，是**滷肉飯**。這店沒有招牌，緊貼著「黃媽媽米粉湯」，每日只炒三、四樣蔬菜，炸一種魚，煮一鍋蘿蔔湯，皆頗可口；然它最核心的食物，應是那一鍋滷肉飯。這位媽媽製的滷肉飯，皮與肥肉較多，卻切得大小正好，且醬油之選用與濃淡調配很恰當，致其滷汁極美味。只是她的電飯鍋，不知是摔過還是怎麼，煮出的飯有些會過硬，無法均勻。倒是電鍋中的飯賣完後，老闆娘以炒菜鍋臨時加燒一鍋飯時，那飯倒好吃些。

小菜我常點一碟芥菜，再一碗**蘿蔔湯**（滷肉飯與蘿蔔湯最合），坐在凳上，五分鐘吃完，竟然比什麼都好。我常說台灣式的「飯桌仔」吃法，若是京都能有，那遊京都便更快樂了。

二〇〇七年四月二日

地點：東門市場（自信義路「東門彈子房」入口進入十五公尺）
時間：中午十二時至下午一時半
休假：周一

四四、金山南路烤番薯

番薯，或說地瓜，在台灣具有重要意義。在艱困時，番薯簽也是農家保命之物。新鮮刨下來的番薯簽條，拖上麵糊，下鍋油炸，其自然的淺淺甜度加上澱粉因油炸而生出的酥香之氣，常是極佳的炸物，看官小時吃過炸番薯簽的，或許覺得比如今速食店所售的馬鈴薯條要更好吃也。

但吃食番薯最古典卻又最粗獷的版本，卻是烤番薯。幾十年來，在台灣或在大陸，大街小巷有人推著車，車上一泥爐，爐裏吊著一個個在烤的番薯，便這麼沿街叫賣。烤得燙燙的番薯，以竹鉗鉗起，以報紙包上，可以邊走邊捧著吃。撕下皮，裏面的肉，深黃或淺黃，便是番薯本色；好吃或不好吃，大部分來自番薯的生長質地（如多筋或鬆屑，或綿膜，或漿蜜），小部分來自烘烤的火候（如過焦過乾，或燜時不足）。

烤番薯車經過，予人一種稍縱即逝的感受，有時爲此趕緊買上一個。更早這種沿街叫賣的，總操一個可稱「報君知」的東西，如修雨傘的以鐵片串成一串，上下搖動令之出聲；烤番薯的，則用一個竹筒製成，以把柄搖轉，轉軸上突出一塊簧舌，可不斷的擊在竹筒上出聲。這聲音如今不大聽得著了，乃今日推車賣烤番薯的大約不會製此器了。更甚的，連推車也竟少了。

如今賣烤番薯的，是開店賣了。而他們的烤爐，雖用炭火，卻是電子控溫；這在火力的匀度上，倒是有其優勢。金山南路近潮州街的這家「大番薯炭烤地瓜」（取名的靈感不知是否來自王澤《老夫子》漫畫？）便是電子控溫，居然烤得甚好。據云以攝氏兩百度烤幾十個半斤大的番薯，約兩小時，則可以每個皆透熟又蘊蜜。

挑番薯，也需以手輕輕按下，若軟凹柔綿，且皮面微微出蜜者，則吃時不但極甜，且入口即化。這指的是嗜軟漿者所愛；若喜多筋者（如有人特別講求纖維攝取以排毒者），則要挑相反者。

又有一觀察，似乎烤番薯城市比較吃得到，小鄉小鎮比較少見；這又是台北這大城的優處。烤番薯是頗佳的茶食，主要是抵餓，而中南部極多家庭客廳的茶具永遠置著，隨時泡茶，若烤番薯的小店多些便就更美了。

二〇〇七年四月九日

潮州街
金山南路二段
和平東路一段

地點：金山南路二段一九〇號
時間：上午八時半至晚上十時
休假：冬季無休。夏季休周日。

四五、永康街「冶堂」茶文物空間

自認不是飲食作家，居然寫專欄轉眼一年又半，好不慚愧。所幸談小吃即將告一段落，又可混一些別的玩事，甫念及之，肩輕何似。

尋訪小吃，最難是心情。就算他好吃至極，這裏吃那裏吃，也不免心煩意亂。每當此時，最想歇一下腿，喝一口茶，更換一份心境，拋開一下適才的食物哄鬧景；這當兒，我總是到「冶堂」一坐。

「冶堂」，是個隱藏在深巷的既賣茶葉也賣茶器物的茶莊。但稱它爲「台灣茶文化的小小博物廳」，或最貼切。

雖然「冶堂」不是尋常意義下的小吃店，甚至它亦不是茶藝館，但我仍樂意將之介紹出來，便在於茶這一物對小吃極是要緊；不只是解膩消食，更是因細細品味茶湯方得更諳於體悟食物之深蘊秘味。

前說冶堂不是茶藝館，指的是，它不是供人坐下叫一壺茶邊聊邊喝、喝完結算茶資的地方。但任何人來此，老闆會奉上一杯茶，供人解渴。算是頗有昔日老字號待客之古風。

然人來此，非爲圖一杯解渴茶水也；多半的新客（如依指南而來的日本觀光客），爲的是想深入了解台灣茶葉的深趣，也兼買本國不易有的特產。至若熟悉門道的老客，則除了選買當季的茶葉（常爲了出國贈禮），或是探看有無新製出來的手工托盤（工藝師傅何健生所製）之類，但最多的，還是遛步到這裏，想寒暄兩句，歇幾分鐘腿，講幾句話，求一絲熱鬧氣。

但不管如何，老闆還是每人倒一杯茶。你喝光了，他再斟上。你若渴，喝了八杯，他照樣斟上八杯。走時若沒挑得要買的茶葉或茶具，照樣不用付錢。「冶堂」便是這麼有文人氣的地方。

我自己喝茶有限，故在冶堂無法常買茶。總算常須接待外地朋友，便帶他們來此選茶品茶，居然沒人不讚好。拍電影的日本導演林海象，寫推理小說的卜洛克，設計Adobe軟體的David，古根漢美術館館長等，太多太多。大家買的分量，不過幾兩，但坐下試喝的種類卻是好幾樣，往往大開眼界，又兼讚嘆不絕，這已是最好的小吃之旅了。

主要冶堂的文物陳設最雅，室內無一角落不置瓶花（眞是暗合「四季有花，一生無事」），人坐其間，常有平靜滿足之氣韻上的收穫，這是台北人難得的享受。老闆何健，雖是資深茶人，卻年輕時於古舊器物最多嚮往，中年以後，尋尋覓覓，選上了永康街這條僻巷，小院中水聲淙淙，頂棚是紫藤的綠蔭，逐步打理出這片茶文物空間。客人一進門，便可看到對聯：「好花未落如相待；佳客能來不費招」。

前些日子「情境細描」畫家妹尾河童來台，遠流出版社衆編輯招呼得無微不至，四處遊看並品嘗台灣茶。妹尾先生第二次來冶堂後，說：「台北喝了這麼多茶，還是這裏茶最好。」

二〇〇七年四月十六日

信義路二段
金山南路一段
永康街
永康街31巷
金華街

地點：永康街三十一巷二十之二號一樓
電話：3393-8988
時間：下午一時至晚上十時
休假：甚少（除非上山作茶），也偶休周一。

四六、永康街小隱

小時候家住東區，自美返台後，住在南區已十多年。竊思中年以來，平日只在南區活動，沒事不會胡亂跨區，像是越來越保守。然有一地方，我稱它爲東區與南區的「接合處」，是台北市最富意趣的一條區帶，便是永康街、青田街、溫州街這一段。便這一段，一星期往往有五天晃蕩及之。

偶在淡水或士林夜市或西門町經過，發現來往人衆確與永康街所見甚顯不同，永康街委實雅馴得多。

然即使台北市有永康街這樣舒適地方，有便利的公共交通，且不塞車，卻不知怎的教人生一感覺：胸有壯志者不應恆停此地也。

今日來說一家小店，才開了一年，恰在永康街的尾巴，替名氣恁大卻佳吃之店不多的這條街爭回了不少面子。

店稱「小隱」，是由曾創Brown Sugar的台北搖滾咖啡店名人Gary陳所取。原本老闆James曾有意起名「隱者」，乃此店隱於街角彎折處，又在公園樹叢後，如同隱藏；後來Gary沉吟一番，說：乾脆叫「小隱」好了。

「小隱」一點也隱不住。打一開店，每天入夜便有排隊人潮，設法能在四坪大、五張桌子的空間裏用餐。來此者，建築師、服裝設計師、餐廳老闆、土地開發者、陶藝家等，甚至學生、年輕的文化工作者皆有。足以證明台灣稍有生活情調之探索者心中必有一念：如何可以吃一頓簡單、老年代鄉土風味的飯？

「小隱」顯然做到了。它的店堂陳設，一眼即給人質樸老台灣的感覺；想必是泰半來自好友「發記古董」（永康街七十七號）老闆張阿發的巧思設計。再來便是食物了。James的菜，最大特色，是「家庭感」，也就是燉鍋菜。主要遷就廚房侷促，不方便大火炒菜。故而他的**㸆菜心**（九十五元）、**清燉獅子頭**（一百九十五元）、**滷筍尖**（七十五元），最是下飯的家常好菜。恰好這些也是別處館子吃不太到或把價錢抬高的菜色。

若是人潮稍稀，不妨點一尾**蒸魚或烤魚**（如竹筴魚，一百五十元），以之從容下酒。

James自幼生長台中霧峰，遠親近鄰中不乏中部鄉紳，製菜依稀有福州、潮汕宴客風習，清淡中見滋味。故James的獅子頭，已把揚州版本改成閩台的「白水」風格，亦成佳味。又他於各省佳餚原喜鑽研，故「**銜菜**」（七十五元）也做得甚有板眼。無怪日本導演林海象說，是他吃過最佳的台灣居酒屋菜呢。

二〇〇七年四月二十三日

地點：永康街四十二之五號
時間：下午五時半至半夜十二時半
休假：每月第二與第四個周一

四七、希望不是遺珠的店

每周一篇寫小吃，時間看似充裕，卻才放下筆，怎麼忽的一下又要交稿了。有時那個星期什麼店都感到寫的興致不高，即使它眞是好吃。須知有的星期人硬是討厭寫稿，倒不是說，討厭去吃。

這說到重點了。許多店皆可一吃，也可很有技巧的挑著吃；但特別提說出來、又介紹給廣大的讀者，然後避開太過霸道的用字，盡量不流露責備嚴訓之語氣，更好是講出他好吃的原委……凡此等等，令小吃這事變得太不率性了。也造成，許多店似乎夠不上正正式式的專門寫成一篇了。

本周這一期寫完，小吃專欄便要告一段落，竊想何不將平日也曾閃過心頭有意一提的多家小店，索性在本篇中各提一筆，搞不好許多饕家會興此嘆：「對嘛，這家店他總算提了！我說呢。」

譬如說，康定路、廣州街口騎樓下的**四神湯**，下午四點至午夜十二點。湯汁香郁，腸子鮮腴。此地正當萬華中心，原該是小吃重鎮，惜漸式微矣。

六條通的「喝康蔬果汁」，下午五點至午夜十二點（偶爾十一點也收），長安東路一段五十三巷廿四號。是深夜食物油膩後或酒精充塞後猶能在近旁喝到的新鮮養生飲料，如「**蘋果蔬果汁**」，七十元，有蘋果、胡蘿蔔、鳳梨、番茄、檸檬五味，極養人。

「國際西點麵包廠」，早上八點至晚上十點，信義路、金山南路口。它的「**倫教糕**」（雖然「教」字錯成「敦」字）淡淡甜氣中透出發酵的微酸，是廣東順德米製品中極清儁的巧思：到朋友家帶它配茶，絕好。

信義路四段五十八號巷口的「**蘿蔔絲餅**」，下午二點半至六點半。操馬祖口音的太太擺攤，蘿蔔絲之軟潤，較太多此類攤肆多了那麼一分製蘿蔔絲餅的世故佳美，倘能更不油，更不擱蝦皮、味精就更理想了。

商務印書館背後巷內的「劉家黃牛肉麵」，早八時至晚七時，開封街一段十四巷二號。老式濃郁口味，大口嚼麵的店，小菜在牛肉麵店中最具傳統情調卻又最有特色，如**泡菜**、**滷水海帶絲**、**滷水花生**、**涼拍黃瓜**、**豆干**、**白拌干絲**；這幾味原是傳統之極，然近日又幾家仍備？瑞安街八十五號的「龍門客棧餃子館」，中飯賣三小時，晚飯賣四小時，餃子只**白菜豬肉餡**一種，最是正宗餃子店本色。滷菜亦好，**醬肘子**、**豆皮**、**滷筍**（整棵），切工精細端上，看了更有酒興。

再說一攤，開著發財車，下午三點賣到六點半的「水煎包」，在和平東路二段九十六巷內的「敦親公園」，豬肉高麗菜與韭菜二種，十元一個，個頭大。有次下大雨打傘等包子出爐，掀鍋後，吃在口裏眞過癮極了。每天賣三個半鐘頭，賣完幾百個，飄然而去，便是製小吃的神仙日子也。

二〇〇七年四月三十日

四八、新店「面對麵」麵疙瘩

大約三十年前，我們在「國藝中心」看完平劇，走到對過，在「中華商場」背面（近鐵軌的那一頭），有一家賣麵疙瘩的攤子，冬夜喝上一碗，說不出的舒服。麵疙瘩這味東西，很像家中才有的急就章食物；它雖是那麼的好吃、那麼的與胃親和，但外頭的店家竟是相當不容易賣它。或許一來它不容易賣較高之價，二來它本身已諸味兼備，頗難再配它菜。

倘問起朋友對麵疙瘩的感覺，多半回答：「我最喜歡麵疙瘩了！」當然我也是。主要因為麵糊類的東西（包括「原湯化原食」的餃子湯）本就教人感到腹中春陽融和。

直到幾年前，導演侯孝賢帶我來此吃酸菜白肉火鍋，從此我便爲了麵疙瘩一次又一次來到新店這一隅。

「面對麵」由韓國華僑所開，故其麵食是山東風味帶一絲韓國筆觸的，如「**炒碼麵**」是。至若「**黃師傅雞**」，雞塊先酥炸過，再燴炒，這亦是中國菜帶上一抹東北亞風。

若是天冷些，此店的**酸菜白肉火鍋**最稱一絕，下白酒最宜。作家唐諾有次說起：這兒的酸白菜是自然慢工醃出，坊間泡醋式的酸白菜無法比得上。

我最常吃的，當然是**麵疙瘩**。往往點一碗湯的，再點一盤炒的。湯的，原是家常版，亦是疙瘩之正宗；乃肉菜材料、疙瘩、湯汁、麵糊全融一碗，我來此，主要爲它。至若炒的那盤，它的疙瘩塊稍有不同，用的筋道與湯的不盡相同；我叫它，先吃個幾口，其餘放冷打包帶回家。

此店的份量皆頗大，如要又吃疙瘩又吃麵，最好四、五人結伴而來。

它的小菜亦好，**土豆絲**（**馬鈴薯絲**）、**燒馬鈴薯**（冷天才有）、**黃豆芽**、**豆干片**等。最好的是**韓國泡菜**，我往往點二盤。好在哪裏？我想是醃製的品味最不卑不亢；也就是不過於熟酸（菜葉不過於皺爛，味道不特酸），也不故意多加魚露（像有些朝鮮鄉家的村野之嗜）。

「面對麵」還有一特色，明言「不放味精」，可見店家的自信。又我常見老闆娘循循善誘客人該吃大碗或小碗，十分用心，完全是那種死心塌地、用情極專之人；如此質地之人開出的店，便常是台灣最佳的店。

我來此店另有一原因，便是在夕陽時分到對面一大片農園菜畦中散步。不論是自中央路七十八巷（百忍街的對面）或是一七六巷進入。這片既有菜田、竹林、小塘，又間有紅磚三合院的村家景象，四、五十年前原是台北通景，如今整個大台北或許這是惟一猶存者。我做小孩時，每天看的大安區便是如此，如今好不容易來新店一次，焉能放過？

二〇〇六年九月十八日

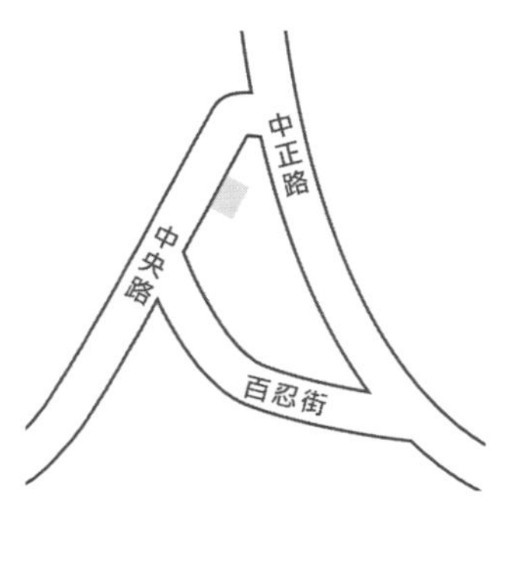

地點：台北縣新店市中央路三十三號
電話：8667-3448
時間：上午十一時半至下午二時；下午五時半至八時半
休假：周一

四九、淡水中山路清粥小菜

捷運通車後，淡水狂增極多觀光客，也令原本即不甚出色的所謂淡水特產益發粗糙化量製化下去。有人嘆說老街已完全沒東西可吃了。能有此嘆，不是外行。倒是有一家老店，在中山路，三十年來皆賣的不是什麼特產，只是尋常之極的小菜與稀飯，也有乾飯，我去淡水，便只吃它。

這店自前一晚十二時便開，直開至次日中午。像是消夜也做，但最主要是早飯與中飯。既是早飯小肆，**滷豆腐**絕對有，**菜脯蛋**亦是，**煎魚**常有肉鯽仔；但我最多吃的，則是它的多款**炒青菜**，每碟十元，尤其冬季有一款**炒芥菜**，炒得葉子與梗瓣皆極爛，已如綠泥，恁是好吃。我每次吃它常想起三十年前劉震慰寫潮州人烹製地瓜葉：

先在開水中一過，再漂上四、五次水，以除卻些番薯藤的青腥味，再剁得如一團綠絨，放入雞湯裏煮。淡水這店的芥菜，總給我這種感覺。

它的**高麗菜**也炒得很好。這是吃「飯桌仔」（即「自助餐」之早年菜場版稱呼）時驗證此店炒功的關鍵項目。它的高麗菜，賣相看似潦草，味卻不差。故我說，凡事皆有個天份，未必精切細擺佈便一定出成好菜。

一般言之，台式「飯桌仔」炒菜，仍以「微爛」與「湯湯水水」爲好吃。像**炒絲瓜**，盛它已需用湯碗，汁多也。又**胡蘿蔔絲炒蛋**，絕沒有人胡蘿蔔絲炒得生生脆脆的。至若它的花菜，總炒得較生，便不是我愛吃的軟度。

再就是，湯甚好。常備二味，一味**瓜類湯**，一味**魚湯**，任君挑選。我多點瓜類湯，如**苦瓜湯**、**大黃瓜湯**或**蘿蔔湯**，皆好吃。這湯要錢，十元，亦廉，但與自助餐店的湯免費，意義自有不同。何樣不同？說來微妙，但端的是老派「飯桌仔」很重喝湯，故烹湯不宜等閒；不等閒烹出的湯，自是要者付錢。

這店沒有名稱，開在大馬路邊，座位拘狹，如此外貌，有人甚或覺得不夠乾淨；然則淡水的好吃之物，常在於這些最生活起碼的、最不花稍的吃食。須知早先的淡水本是小民渡日的簡樸小鄉，夏天又熱又黏，冬天又冷又溼，氣候上甚甚不美，雖然景觀上實可稱美。曉乎此，切不可因河上夕陽、隔岸青山之浪漫而在覓選飲食上忽略了簡陋門面的店家呢。

二〇〇六年六月十九日

地點：台北縣淡水鎮中山路五十號
時間：半夜十二時至次日中午一時半
休假：不定

五十、淡水老街排骨飯

台灣小吃若選五十項，排骨飯大概不能不排上一位。且看便當中最主力又最經典的菜色，便是那一片排骨。

而排骨飯之迷人處，在於既有一大片瘦肉又有三樣小菜再加一撮酸菜共同鋪在白飯之上的那種克難中吃它幾乎是打牙祭、然在寬裕中吃它也是葷素兼備、嚼咬酣快的一頓實惠快餐。

在台灣這種小又講求效率的工商地域，排骨飯實是極智慧的發明；學生會愛它，搭火車的樂意帶上它，公司行號中午休息時間也必定需要它。然而一碗好的排骨飯究竟在哪裏？

這是個好問題。老實說，我也不大回答得出來。這造成每次有外地客人到訪，我從來不曾帶他們吃過排骨飯。主要佳店不易尋也。

然則每天有千家萬家的店皆一片一片的往油鍋裏炸排骨炸個不停，卻你盯著稍看，便知不必往裏坐下。何也？幾乎沒有一家把炸排骨當做藝術，甚至沒有一家細想過裏脊肉該如何而那鍋油又該如何等等極其本質的問題。

於是年輕人若要創業，在「排骨飯」這一行想脫穎而出，其實機會很高。

今天說的這家「義裕排骨」，在淡水老街（中正路）的路頭上，是一家老店。幾十年前還賣過雜貨，繼之又轉形成冰果店，終於演變成賣排骨飯。

排骨飯在台灣，可粗分二種，裹粉的與不裹粉的；「義裕」的是不裹粉。

不裹粉，亦有多種調味醃汁法。有一段時日，不少店流行在醃醬中加豆腐乳，以爲是一種秘密武器。「義裕」的排骨，調味算是調得最淺少的，也就是，最接近裏脊肉排的本味。在不少衆味雜陳的**炸排骨**裏，可以說「義裕」的做法算是優點。另就是，「義裕」的排骨不帶邊骨。這與近二十年大多的炸排骨之帶骨去炸而顯得一片較大的情形頗不同。將骨頭剔去，倒滿像我們家庭中的小規模之製法。

又少了邊骨，則切裏脊肉可用手工來一片一片的切，不像帶了邊骨的裏脊肉常是用機器來鋸，並且，最致命的，往往在冰凍的狀態下來鋸。這造成肉質因冰凍令肉中的冰沙粒子把肉質弄成柴粗，再怎麼炸也不會嫩Q矣。

「義裕」因堅持用黑毛豬，且是每日溫體宰下者，故絕不冷凍，且以手工片下，頗有家庭風味。又因手工，每片厚薄不會太勻，你不妨請老闆挑薄片的去炸，味道較嫩。

它也售罐裝自製的辣冬菜，可以買了帶回家，吃麵吃粥皆宜。

二〇〇六年十二月十一日

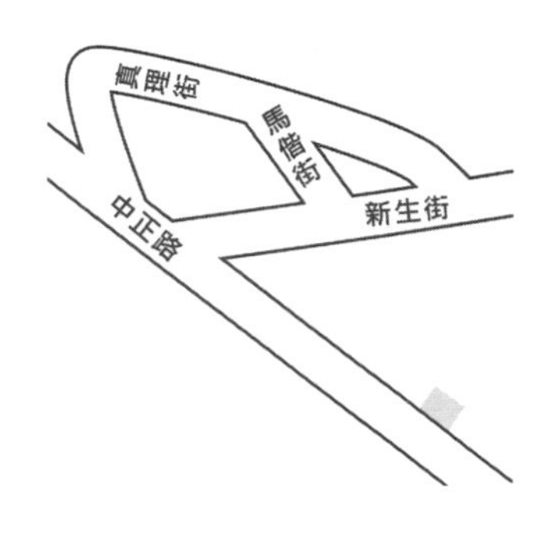

地點：台北縣淡水鎮中正路五十六號
電話：2622-7638
時間：上午十一時至晚上八時
休假：很少休假

五一、淡金公路菠羅麵包

麵包，是台灣衆類點心中最弱的一環。主要在於根基太差；也就是說，最早對於外地傳來的這樣新穎麵食不太有「格物致知」的敏感，往往以訛傳訛的逐漸傳成今日的怪形怪味。

日據時代的麵包，自然學自日人。然日本學自何處？學自「概略的歐陸版」；即丹麥糖霜版一部分、日耳曼雜麥版一部分、南歐天主教國家（義大利、西班牙、法國）小巧甜餅版一部分，凡此等等。國民政府渡台後，此地麵包又多了哪些風格？泰半是大陸各大城市二十世紀初由白俄人爲主的所謂「麵包房」那種傳統所移遷過來者。當年有名的店如博愛路的「起士林」、「美而廉」，武昌街的「明星」，信義路的「國際」等。我家附近羅斯福路金門街口的「生計西點麵包店」，亦是一家老店，猶記七十年代初它的二樓還設有咖啡座。

除了大型的店，家庭式的西點麵包店，亦是五十、六十、七十年代極其普遍的吃食風景。這種普及性，造成我們所有人童年的必然麵包口味印象。雖然成年後我已許久不吃街上麵包店的東西，但偶爾也不免想起那些有趣的口味，其中一味，便是菠羅麵包。

菠羅麵包，主要指麵包表皮的糖酥花案押刻得像菠羅的圖形，故有此稱。但有的年輕人要問了：什麼是菠羅？便是鳳梨。看官或許不知道，現在有極多年輕人，知道鳳梨、知道菠羅麵包，卻不知道菠羅是什麼。

今天談的這家「廣泰香」是一家極傳統的家庭式麵包店；而探索傳統麵包，最好是嘗一嘗它的**菠羅麵包**。

「廣泰香」的菠羅，有三種口味。**純菠羅**（十二元），不含其他餡料，完全以頂端的糖酥與下部的麵糰共嚼之後，看是否合於你心中菠羅麵包應是的甜腴與麵香。一般而言，四、五十年前的菠羅麵包之頂層，當不至太過鬆酥。第二種是奶酥（二十元）餡，比較會因奶酥的味道而干擾了你品嚼菠羅之單味。第三種叫「安佳奶油」口味，是加了安佳奶粉的特有奶香式風味，頗特別，也另有一襲幼時喝牛奶的香氣回憶。如今主持「琉璃工房」的老同學張毅最喜愛這款。

所有的甜味麵包，我皆吃不多；但據說人若身體活動量大且比較健康者，會常常想吃一個菠羅麵包什麼的。「廣泰香」在淡水與三芝之間，地處偏僻，冬天寒風瑟瑟，不少人開車經此，極想買上幾個來吃，這時若碰上菠羅麵包剛出爐，豈不是最教人欣喜的甜美點心？

「廣泰香」尚賣「**酸菜包**」，如同「麵包版的割包」，只是裏面不夾肉，頗好吃。主要是酸菜自家炒出，味較正。

沙其馬也做得樸實，不像坊間廠製之浮膩。沙其馬一瓣一瓣捏下來配茶，甚好。

二〇〇七年三月十九日

淡金路三段
新市八路三段
北8（鄉道）

地點：台北縣淡水鎮淡金路三段三四七號（公車「下圭柔山」站下車）
電話：2622-3015
時間：上午七時半至晚上十一時（但下午三點半後麵包種類較齊）
休假：周日

五二、基隆廟口十九號攤滷肉飯

台灣小吃中若說最本質的、最每日必吃、最全民的，大概是滷肉飯了。它幾乎是台灣的「國飯」了，如同牛肉麵是台灣的「國麵」一般。

前些年有些黑道大哥走避大陸，後來回到台灣，言談中總嘆說：「沒辦法，那裏吃東西不習慣，沒有滷肉飯。」

有人問過我，全台灣滷肉飯哪一家最好？哇，好大一個問題！自北到南，滷肉飯吃過不知多少攤，但眞要說最好的一攤，不瞞看官您，我答得出來，便是「基隆廟口十九號攤」（晚上才開）。

廟口有多少名店，有人去吃天婦羅，有人吃沙拉船，有人吃紅糟鰻，有人吃咖哩飯，有人吃豆簽羹，有人吃冰；但我去，只是吃十九號攤。我必點**滷肉飯**（十五元）、**高麗菜**（二十元）、**豬腳湯**（四十元，我皆囑「要中段的」），七十五元，正好吃飽，仁三路向裏面的夜市也不逛了，往往轉身沿著海港邊散步至火車站，坐電聯車回台北。

滷肉飯的肉必須切成小條，肥、瘦、皮皆在那一小條上，澆得白米飯頂，危顫顫抖動方成。切不可用絞肉，絞肉便嘗不到肥肉的晶體，已被絞成油水；也嘗不到瘦肉的彈勁，已被絞成柴渣。這店的滷肉飯，味最和正，很像我們小時候記憶中滷肉飯的那種風味，並且顏色也不太紅，不致醬油兮兮的。這樣的飯，配一碟**清煮的高麗菜**，水潞潞的，也極合。且別小覷這高麗菜，燒得不油、又微爛卻不甚糊爛，台灣成千上萬家小店，幾家能夠？而此店便做到我心中的火候。有時我甚至吃完一盤再叫一盤。**豬腳湯**亦是白煮，清淡卻有嚼頭，我常說這店的豬腳即使在整個廟口亦是最好的。**腿**

肉湯（五十元），亦很好，腿肉切成塊條狀，上層是皮，再帶薄薄肥肉，接著是長條的瘦肉，若請老闆切好，帶乾的回去，亦是下酒良物。

滷肉飯必須吃小碗的，呼嚕呼嚕，幾口吃完。若不夠，再叫一碗。倘叫大碗，奇怪，味道便差了些。這種適宜亞熱帶胃納的小碗風習（尚有台南擔仔麵等），份量如同點心，是台灣小吃之特色，亦是優良傳統，想是自福建已然。

如此小小一家攤子，竟是台式豬肉料理淡白清雋之極好例子，我說不出有多喜歡。老闆姓何，十多年來我僅在一兩次短聊中得知。此店開業三十多年，只開晚上（白天的「光復肉羹」更是六十年老店），一逕偏處幽隅，不甚受人注目，最是那種我慇懃探看的店。希望他的味道始終保持高水平，也希望我的報導不致干擾他謙沖自處之風格。

二〇〇五年十一月七日

地點：基隆市仁三路廟口十九號攤
電話：(02) 2426-1011
時間：晚上七時至午夜二、三時
休假：每月休二日，不定期

五三、宜蘭三十元小吃之旅

這本來是前幾星期我個人的「宜蘭一日遊」中抽掉景點、建築後，隨口吃的幾家店之實況，現在把它呈現給讀者，聊備參考。由於每家店裏我吃的食物，皆恰好是三十元，有趣，便以爲題。

宜蘭偏處東北一隅，原是台灣最幽美一塊佳土，山水清曠，田疇親人。房子與稻田永遠相鄰，而遠山時在眼簾，加以溪水尺寸正好，清澈流經城與鄉。這樣的景致，是所有台灣孩子當年的眼界，然而今日台灣何處猶有？

多年來宜蘭的這等優勢，不知與重重高山阻障有關否？近日雪山隧道開通，有心人不免擔憂宜蘭將受庸俗之染。

只說宜蘭市。

一、信利號魚丸米粉。文昌路八號。上午九時至下午七時。魚丸最佳，一碗甚多，約有十多顆。而米粉、貓耳（水晶餃）亦同在此一碗中，三十元可稱甚廉。然湯有蝦米味，我較吃不來，或許買魚丸外帶（一斤約八十元）不失為一途。

二、檸檬愛玉冰。中山路一百五十六號。早十時至深夜十二時。愛玉裝在五百CC塑膠杯中，檸檬汁擠入頗多，故酸度高，但愛玉因此最顯不膩。然一杯站著（無桌椅）速速喝完，固因強酸不易，也往往無法細細品嘗；所以也最好帶回家，與家人分食，有的要加黑糖，有的要加蜂蜜，有的要加奶酪，各隨己意。

三、陳老店魚丸米粉。市郊員山鄉員山路一段二百六十九號。早七時至下午五時。此店從前叫「陳茂庚」，原是老字號，魚丸米粉原亦是三十元，這幾個月才改成三十五元。五元之漲，有時不自禁透出製品退步之兆。我常半開玩笑說「十元的水煎包往往比十五元的水煎包好，乃前者僅僅埋頭手藝，而後者已有企業心也。」陳茂庚老店，喜好這裏魚丸米粉之客極夥，近日嘗來不知尚佳否。

四、黑店冰店。神農路二段六十三號。早十一時至夜十時半。是介於細綿冰沙與冰淇淋之間的一種有趣口感；須知西洋的冰淇淋有時太奶膩（creamy），而吾國的細刨冰又太水兮兮；要製成既不是冰淇淋又比細刨冰要潤滑，便在於原材必須多脂（如花生）或多糖蜜（如桂圓乾），而製成冰的水若能厚（如虎跑泉之類），或可差幾得之。黑店的**花生冰**最有名，花生者，已近乎花生醬之質感也。台灣近數十年養生家深悉黃麴毒素之害，故囑國人吃花生醬須極當心。我平日雖極少吃，來到黑店，當然也照例嘗一客**桂圓、花生各一半**的冰，方顯不虛此行也。

二〇〇六年八月二十一日

電話：【信利號魚丸米粉】(03) 933-1702
【陳老店魚丸米粉】(03) 922-3717
【黑店冰店】(03) 932-9382

信利號魚丸米粉

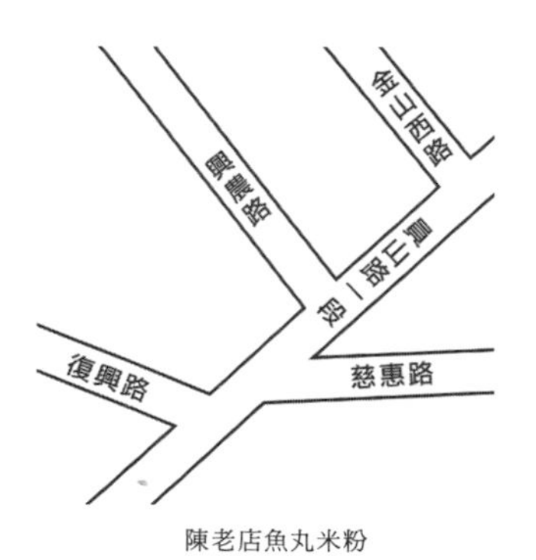

陳老店魚丸米粉

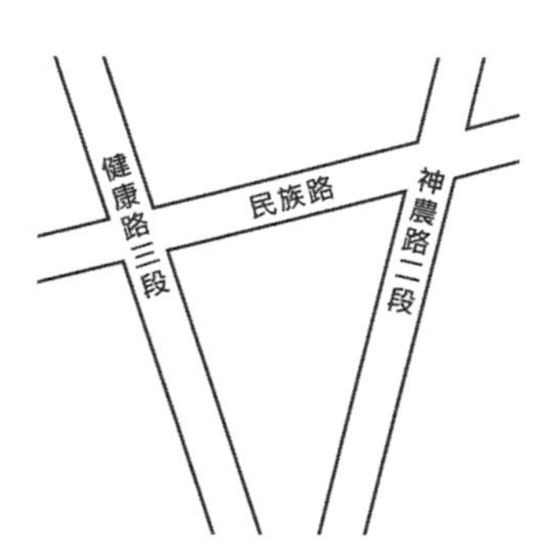

黑店冰店

五四、新竹市竹蓮街麻老

原先我希望這專欄不妨叫「吃小吃，遊台灣」；看官你道爲何？因我四處胡逛，這巷進一進，那街探一探，便在太多太多細遊僻走之際，不免見到一些鋪面不俗的製吃之店，也即坐下一吃。這一吃，不想吃出了今日寫小吃專欄一段因緣。故我說「遊台灣」的興致，徒增了許多「目測」之機會。而這目測，常是想坐下一試小吃的最大動力。

新竹市，原是北台灣最具古式生活情韻的市鎮，即今猶留存不少；倘那些最喜在作品中涵蘊台灣五、六十年代生活氛味的大導演如侯孝賢、楊德昌聊到找景，我一定設法建議：先到新竹。

當然，新竹小吃亦甚豐富；只是近二十年來與其他台灣市鎮一樣，墮落得厲害。單單米粉與貢丸這二味新竹招牌，人在城隍廟附近幾十攤走過，眼睛張得大大的目測，猶不敢選及一家坐下，惜哉。

只好擴大幅度的逛看，往另一些僻區蕩蕩。便自來到竹蓮街，街名源於此地有一古寺，竹蓮寺。這整塊區域古意盎然，拜竹蓮寺香火興盛之賜，而竹蓮街上的生意項目，也多是供應拜拜之需。

街上一家「泉興行」（原「新明芳」），外表像是老式雜貨舖，但居然是一家專製糕粿的老字號，**紅龜粿**、**鳳片**、**綠豆糕**皆其擅項；但我最喜歡的，是**麻老**。

這一對老夫婦，觀其模樣，已令人猜想他們對於米製品很細心，很懂火候。而麻老一口咬下，絕不可內腔很硬很厚，像是蠶繭還沒膨開；也不可麻老膨得太大太薄如同幾要脆破。而炸好的麻老胎必須晾至冷，才去裹摻有適當比例砂糖的麥芽糖槳，最後才去滾花生粉或滾芝麻，或滾上一圈爆好的米花。

至若麻老這咬下如蠶絲之欲斷又不斷的口感，卻又綿綿軟軟，但外皮又脆膨膨的美妙質地，究竟是什麼做的？好問題。是以蒸至熟透的糯米，混入熟爛鬆糊的芋頭，揉成粉屑，以此來做麵胚，入油炸，便是麻老。由於它是最好的茶食，而我的茶友與喝茶的場合頗多，故我最樂意知悉何處麻老最佳。竹蓮街微有京都清水寺前二年坂、三年坂那種古寺前老市集風味，在此散步尋覓良物，更是美好的經驗。

二〇〇六年四月十七日

地點：新竹市竹蓮街一三二號
電話：(03) 523-0062
時間：上午六時至晚上九時
休假：無

五五、員林滷肉瀆爌肉飯

中部是爌肉飯的大本營。而其中最密集的市鎮是彰化市。我曾經很想說一句話：「爌肉飯多而好的地方，便是日子過得舒服的地方。」

彰化市在八卦山下，百年以前原是中部最佳的一塊美地，在此地品嚼米食，當然應該最香潤。

另有一鎮，稱員林，亦是生活得最好。十年前的員林公園，裏面有小小冰果室，依稀是六十年代風情，說這話時，轉眼又十年沒去玩了。

今天說的這家爌肉飯小館，叫「滷肉濱」，在員林是家老店，如今已是第二代經營，每天一早開，黃昏前便收，一天總要賣個好幾百碗。吃客的選擇只有二種：**爌肉飯**（四十元），**豬腳飯**（七十五元）。再加幾樣小菜，如**筍絲**、**白菜滷**、**滷鴨蛋**而已。這樣極具簡單性的店堂，常是製作優質小吃的先決條件。

爌肉，是皮、肥肉、瘦肉三者兼備的食物。最好是皮不過膩、肥不過塌、瘦不過柴；當然，如今的豬之餵養方式使好的肉質早已受人遺忘多時，但即使如此，平常小民仍然要吃豬肉，仍然要肥瘦一起吃，故而今日極多的爌肉飯店家需要用一根竹籤把肥瘦串緊，免其散斷，這亦是無可奈何之事。

「滷肉濱」每日用大滷鍋燒煮爌肉與豬腳，而他製得不濃鹹，滷汁比較稀淡，這是我心目中比較「員林」的風味；須知有些地域燒豬腳或爌肉總燒得太黑或湯汁太稠太黏。

他的飯，亦煮得頗好。只是我更希望他的米若能用稍舊一些（三個月舊或六個月舊）的，或會更鬆些，則淋上肉汁時會吸附得更融和。

滷肉飯或爌肉飯，淋汁是大學問。不可淋太多，太溼太鹹便不美；亦不能淋得少到如同還是一碗白飯（雖然這情況如今已極少）。老實說，愈是你發現店家淋汁淋得極少，你愈可猜測這是一家厲害的店。十多年前香港「鏞記」的燒鵝飯，淋汁便極少，而汁極香郁恰宜。

「滷肉濱」桌上有一大碗**蘿蔔乾**，令客人自取，算是原本碗緣會擱的那兩三片嚼咬「漬物」，同時另有一碗醃黃蘿蔔，我只取前者，甚好吃，軟硬剛好，亦不太鹹。

滷蛋用的是鴨蛋，這亦是老式滷肉飯小吃之沿習。最佳是湯，**蘿蔔湯**。蘿蔔切塊，入鍋極多，湯甚香美，蘿蔔嚼下，甚感除膩，實是配爌肉飯最相宜的湯。

「滷肉滇」另有一特色，是打烊時間，定爲下午四點二十分。爲何是二十分？不知道。但皆很準，每天如此。我們幾人遊完溪頭後抵此，已是四點十分，正好趕上收攤前吃一碗。

二〇〇七年一月十五日

地點：彰化縣員林鎮南昌路三十七之一號
時間：上午七時至下午四時二十分
休假：每月約二次，大都選在周四

五六、嘉義劉里長雞肉飯

說到台灣風景，不可不提嘉義，因為有個阿里山；說到台灣小吃，也不可不提嘉義，因為有雞肉飯。

有時自阿里山爬完下來，進到嘉義市，全身針葉林高氧充盈，返回台北前，若吃上一碗雞肉飯該有多好！

事實上嘉義市亦是台灣各城市中少有的最具「城市山林」優勢者之一；人自植物園的參天古樹中散步或自蘭潭邊慢跑回來，轉眼又是市井社區，嘉義市民可謂得天獨厚。

所謂嘉義風格的**雞肉飯**，衆所周知，用的是火雞肉。全台灣皆然。但今天介紹的這家「劉里長」，更是因鋪排火雞肉絲最是全神貫注，慢條斯理，再精準的淋上油汁，令你待會兒細細品嚼時更顯得飯香雞鮮，備感享受。

吃雞肉飯，原本渾然一氣，最不需配菜；若眞要配，可點「涼菜」中的一碟**芥菜**（不澆醬更佳），尤其冬天，青翠中微滲苦口，最與雞汁的腴厚相和。

若還不足，可點**滷豆腐**（五元），小小一方，白石猶顫，更使咀嚼多了變化。

至若湯，我皆點**刺瓜湯**（十元），以其清也。有時亦點「**刺瓜丸仔湯**」（十元），便是一碗中刺瓜減半而添上二顆丸子。

蝦仁湯（二十元）亦不錯，用的是小蝦仁。嘗來不會緊繃過Q，令人心中較落實。

事實上此店所售項目甚多，三五好友圍桌點菜，頗多選項，如**骨仔肉**、**扁魚白菜**、**豬腳**、**虱目魚粥**、**粉腸湯**，以及涼菜中的**蘆筍**、**苦瓜**、**菜豆**、**茄子**等。

主要此店的空間舒服，天花板甚高，不銹鋼桌面簡淨，卻仍有老式店堂的舊日格局，坐此吃飯，深有南國風情。更別說菜檯後的工作人員盛飯的盛飯、切菜的切菜、劉里長鋪雞肉的全神貫注等等的佳美食堂氣氛、恁是教人印象深刻。

順便一提，此店雖以雞肉飯馳名，其實**滷肉飯**也甚好。尤以醬油下得少，顏色較淺，頗有自己獨特風格。有時胃口好，雞肉飯點了，滷肉飯也點。

嘉義一年中炎熱的日子極多，教人不堪日曬。所幸東面有個嘉義公園，北鄰更有個植物園，老樹濃蔭，一派熱帶天堂；據說最內行的市民是天一亮在植物園運動完後，悠悠閒閒的散步到公明路，吃上一碗雞肉飯，接著躲進冷氣室內，開始辦公。

二〇〇六年十一月六日

地點：嘉義市公明路一九七號
電話：(05) 222-7669
時間：上午五時半至下午二時半
休假：每月不定期休兩日

五七、嘉義民雄鵝肉亭

嘉義縣有個民雄鄉，是個大鄉；所謂大，是工商發達，稅收最高，當然，人衆的活動力也旺盛。

三十年前，人們道經民雄，總忘不了那條深長延展的「綠色隧道」。如今中正大學前猶有一小段差幾進之，可以發思古之幽情。

我去民雄，便爲了看一些舊日的美景，哪怕是路邊瞥見也好。接著若能再到大學內觀賞「校園設計」，便即更豐實了。最後，便是吃一頓鵝肉。

「民雄鵝肉亭」，是早上八點便開的一家大店，午飯與晚飯時段，外地人便能見識到我前說的人衆之旺盛活動力。

「鵝肉亭」的**鵝肉**是水煮的，比較合我的口味，不像已愈來愈多鵝肉店只賣煙燻一味。在這裏，兩、三人來，點四分之一隻（一百八十元）已足夠，頗便宜。我即使一人來，也只能這麼點，吃它八片十片，其餘打包。乃我還須點別的，如**湯麵**（二十元），這碗麵，由於鵝骨湯鮮，當然是尋常切仔麵比不上的。

韭菜（五十元），用燙的，亦是此店熱門菜。邊嚼鵝肉，邊配韭菜，亦甚富滋味。尤其天氣涼時，韭菜更是鮮嫩。韭菜是一種敏感植物，生燙清吃，最宜；若是和過油、做成餡、冰過、再包在韭菜盒子裏或煎包裏，便吃後常致打嗝。

至於湯，此店有鵝肉做成的**貢丸湯**（五十元），很特別。只是鵝肉終究是禽類，肉質較絲柴，不如豬肉脂度較富，做成貢丸自然腴滑多矣。

另有一味配菜，**醃的筍干**（五十元），並不濃酸，亦不鹹，味道爽口。且筍質細潤，殼葉鬆滑，每桌皆見人吃，且皆大口吞食，莫非是除膩聖物？然而鵝肉並不膩。

說及鵝肉，須知一事。每隻鵝的肉質緊韌度皆不同，有時你今天所吃甚鮮美，而另一天所吃卻粗淡無甚香氣，皆是可能，我已學得不特強求矣。

「鵝肉亭」最有特色的一味點心，是鵝血做成的「**米血**」（三十元）。我平日不大吃米血糕，但此店所製，糕的鬆滑度，米的含蓄並微富韌度，與血的鮮香，皆屬一流。

整家店環視過去，發現沒有賣飯，只有米粉、冬粉、麵。連炒飯也沒有。哦，是了，嘉義已是雞肉飯的故鄉，故像「鵝肉亭」這樣有自己風格的店，斷不會把鵝肉撕成絲條、淋上鵝油汁、弄成一碗鵝肉飯也。

二〇〇六年十一月二十七日

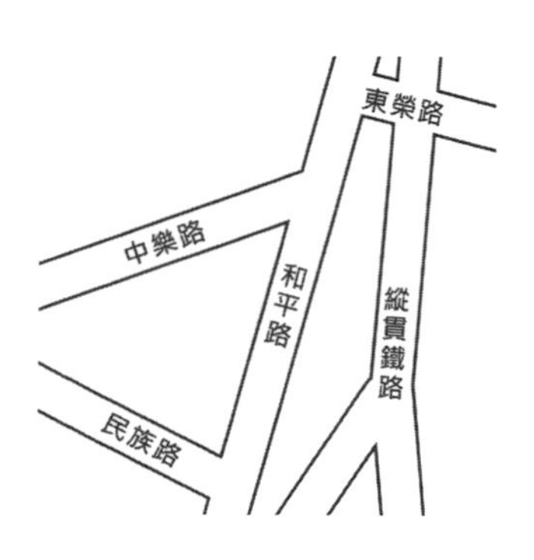

地點：嘉義縣民雄鄉和平路三十三號
電話：(05) 226-9309
時間：上午八時至晚上七時半
休假：甚少

五八、嘉義阿娥豆花與阿龍土魠魚

最近去了一趟安徽壽縣，除了憑弔淝水之戰的現場、登一登保存完整的古城牆，還嘗了一嘗這個豆腐發源地的豆花。不嘗便罷，一嘗才確切知道我們台灣三、四十年前常吃的街頭挑擔子豆花的那股滑腴，委實是早已不存在了。

原本我十多年前便早在納悶，何以豆花變了？而且很奇怪，沒有一家維持住老風味，全部是那種粉兮兮的、碎屑屑的，清一色的進入台灣豆花的化學期，再也不堪返回古風的製法矣。即使他們的招牌永遠打著「手工」、「傳統」、「非基因改造黃豆」等，然這碗豆花硬是不能呼出童時的記憶。

有些觀察家指出，絕不只是黃豆不佳與水質不優這種最本質上之差異；主要還是製造者用的鹽滷有可能全是化學品，而不用天然的老鹽滷，如此點豆汁成膏，便再也沒有古早的那股滑腴。

嘉義文化路與延平街交口「阿娥老店」，雖也已不是我小時的滑腴，但已經算是頗富老味的店。其豆香氣仍是頗厚，豆花的粉碎化也比較不嚴重，可知其豆子絞汁是比較新鮮的（當然如用石磨來磨而不是以電動碎豆機來絞碎，製成的豆花自會更佳）。

另就是它的薑汁熬得好。嘉義一年中熱天太多，人們慣吃冰的；若是冬天最好嘗熱的**薑汁豆花**（三十元）。

若嫌不夠，有的再加一碗**花生湯**，再加一根**油條**，以油條沾著花生湯吃，令原已濃稠的花生湯更增香郁。

「阿娥」的油條，是儲放在烘箱中的。所謂烘箱，其實是鋪了報紙、再以燈泡發出熱能的簡易烘箱，卻因此令油條仍能保持脆度，好辦法也。

「阿龍土魠魚」，緊貼著「阿娥」，亦在延平街上，我甚少吃土魠魚，乃大多的攤子，土魠魚常是已炸好或是已裹好粉待炸或是已冰凍好等著裹粉，這樣的土魠魚，肉質不是極粗便是極腥。

「阿龍」的土魠魚，是新鮮的生肉鋪在冰上，客人點菜，他才取魚裹粉、入鍋油炸。這樣的魚，乾吃或入調醋羹湯，皆香美。多半時候，我皆是買一袋**炸土魠魚**，邊走邊吃。主要魚羹勾了芡，且調味不免過於豐富，多吃了這碗湯，頓時變飽足了，往往影響了等會吃雞肉飯的胃口。

魚骨味噌湯也不錯。另有一味，**魚皮汆燙**，以之沾醬，下酒亦頗宜。

二〇〇六年十二月十八日

地點：嘉義市文化路延平街口

電話：【阿娥】(05) 224-3016

時間：【阿娥】下午二時至凌晨一時

【阿龍】下午四時至凌晨一時半

休假：【阿娥】周二；【阿龍】不定休。

五九、嘉義市延平街米糕

近年迷上了嘉義這個小城市。主要台北散步偶感陳腔濫調、外縣市略有山林之勝的景區總是民宿貴得嚇人；逐而漸之，發展出往另一城市尋覓「後院」之舉。

而嘉義恰恰符合。說它小，據說已落到全台灣排名第十三，搞不好連桃園市也超過它。全市人口，才二十幾萬。倘以老市區爲計，西以鐵路爲界，南以垂楊路，北以林森西、東路，東以中山公園，如此四邊框起來的古典城區，只得人口十來萬，散步其間，最是愉快。

且別小覷這小小一塊地域，它的小吃卻在台灣排名極前。主要這裏風土佳美，山水環繞，造成民性耽淳，連製吃也自然而然保持舊日風味，不求妄變，此一也。又老店一代傳一代，恪守家風，不亂開分店，不遠離家鄉赴大城市發展，此二也。

街巷晃看，固然有趣；若加上小吃，則更添興致。我在嘉義，最能獲得這種享樂。

今天說一項小吃，南部各城鎮也皆有一些，但嘉義市這家堪稱第一。便是延平街二四二號、近文化路的這家無招牌「米糕」。

南部說的米糕，便是糯米飯。盛在極小極小的碗裏，像是三、五口可盡；上澆滷肉與配料。此店的米糕，上澆切成小小薄片的滷肉，再加淺醃的小黃瓜片，如此清清簡簡一碗，三種顏色，白（飯）、褐（肉）、綠（黃瓜），正好，卻是滋味極厚、嚼口極豐富的一款小吃。

糯米需蒸得熟透，卻又不溼。何以米糕總盛在極小碗裏，便在於糯米很耐嚼，也不宜多吃，並且很頂饑，單這數項特質，可知米糕是傳統農業社會的小吃。此店每日米糕不知要賣出幾百碗，蒸出的米糕一桶又一桶，卻皆勻熟勻潤，最稱難能；加上滷肉是最無怪味的紅燒正法，兩者共嚼於齒碾，若是慢慢細咬，齒縫溢出的涎液與之混和，你能感受到糯米的特有甜酪般之香。

吃米糕的情趣當在於此。否則我等四體不勤、不事田耕的都市人如何猶能消化得了此種費胃力食物？

此店只加小黃瓜片助添嚼脆之趣，也解腴膩，最得簡意。與他店加幾顆滷水花生並一匙魚鬆者大大不同。

嘉義市另一優勢，乃旅店甚多且便宜，幾百元便得一宿；與山中民宿之動輒兩三千元不可同語。此我所以常將嘉義視作後院而遊的一大原因。

二〇〇七年二月十九日

地點：嘉義市延平街二四二號（近文化路）
時間：下午四時至賣完（約八時）
休假：甚少休（除非有事）

六十、台南天公廟口虱目魚丸

寫此專欄五個月，總算要談到台灣小吃的大本營台南了。何以恁晚？問得好。乃我東想西想台南小吃千家百家究竟哪一家應先來談？是的，便為這原因，這幾個月裏再去了台南三次，直到今日才提筆。

第一，我想提一家食物項目較單純的店。第二，最好不是已有名到人人皆知的店，如「度小月」。第三，他所製者又是台南人最每日必吃之物。

現在說的這店，沒有招牌，對本地人說，只說「天公廟口」；對外地人，則還需加言：忠義路二段八十四巷三號。

它只賣湯。簡單的說，這是一家**「虱目魚丸湯」**的店。但大多人並非只吃魚丸一味，還會加魚肚或豬的脆肚等物。若以我這個外地人來點，常乾脆就點**「綜合湯」**（一百元），計有魚丸、魚肚、脆肚、粉絲、油條，共五味，也不算多。這便是這對老夫婦所賣物之全部。似乎連肉燥飯（台南人稱滷肉飯爲「肉燥飯」）也沒有。東西極少，極純粹，這也常是佳店成功的最重要因素。當然，也常是小吃往往比大餐館更能製出美味、更能持久長存的極大原因。

我所常吃的綜合湯，端上來，色頗清，一嘗，味精之感覺並不重。繼而一一品嚼各件：魚肚的厚薄正好，也甚鮮，比較不像有些店挑選養殖成太過巨大的魚肚以致有飼料強餵後之腥臭氣。脆肚，也是事先燙熟並勾芡於外表，一如魚肚，但它的口感在咀嚼上甚有脆度。而油條，泡於湯內，有一份涵湯麵食之香綿，眞是聰明巧思的擱湯良物。至若粉絲，擱得不多，在這碗湯裏正好不會擠擠的，卻嘗起來完全不硬，很是滑順。最後說到魚丸了。他的魚丸與大多店的魚丸差不多，也即是頗顯硬ＱＱ的勁道而不怎麼滲出虱目魚的瘦絲魚香味來，這便是一、二十年來虱目魚丸雖是自家製造但仍不免「量產」（即一次打出頗多天的魚漿冰起來，再製成魚丸也冰起來）因而成形這些一粒粒咬下後覺得極沒感情卻極有彈性小球之各地狀況，幾乎家家如此（除了一家我偶嘗到在高雄八德二路菜場阿巴桑只賣肉圓與虱目魚丸湯的小攤，十元一碗，魚丸三粒，倒是有虱目魚之香氣），甚是可惜。然總的來講，這店的風格（無招牌、無價目表、店堂舊舊的），湯的氣質（甚清，色澤好看，當然有韭菜花丁），開店的二老，以及營業時間之短（早八時半至中午十二時二十分），在在是人於台南最值得坐下一吃的佳店。

二〇〇六年三月二十七日

地點：台南市忠義路二段八十四巷三號
時間：上午八時半至中午十二時二十分
休假：周日

六一、台南市莉莉水果店

全台灣我最喜歡沒事玩他個三天兩夜的城市，是台南。因它的市景最典雅，房子最怡目，街道最疏朗，再加上光色常最燦亮，尤以冬天不冷不熱，散步最舒服。

台南市中心人口不多，僅六十萬，且老樓甚少改建，最沒有壓迫感，同時，它經營小吃的人口依然極多極全心投入。故此在台南蕩蕩馬路吃吃小吃，是全台灣最可左右逢源行雲流水的一個城市。

我多半在東界的北門路、西界的金華路、北界的成功路、南界的五妃街所圍的這一框框中活動，所有的地點皆能以步行完成。有時這裏看古蹟、那裏買舊書，東邊吃小吃、西邊約朋友喝茶，一天下來走上十公里亦是常事。又由於所經多是好街良景，並不覺累。

而這麼東跑西蕩，我發現最常遊經的中心點，竟然是「孔廟」附近。

是的，孔廟。我想一定有其理由。例如對面的府中街，多麼馴雅。友愛街口的嘉南水利會大樓最受我樂看其建築。忠義路上的「金萬字」舊書店也宜稍逛。甚至南門路上的「窄門」咖啡，其木窗戶與木條地板，若有人要拍四十年前台北的「明星」咖啡館於電影中，倒可以用「窄門」做佈景。最主要的，此區塊既有空曠地又離好景、好小吃皆不遠。

還有一理由，便是這「莉莉水果店」。須知再好吃的小吃也有飽膩的時候，尤其在考察早餐、中餐、晚餐的高密度下，我常需停此吃點水果或果汁。

「莉莉」是五十多年老店，名氣不在話下；我若與外地朋友來，常建議他們試試**白柚汁**（五十元），甜中微帶柚膜的淡苦，美味也。或**波羅蜜汁**（五十元），亦是他處嘗不到者。

至若它的**西瓜鳳梨汁**（四十元），配得甚有新意，亦最清鮮解膩。有時步行頗久後來此坐下，揮汗啜著西瓜鳳梨汁，眼睛望著孔廟院中的大樹，渾然忘了適才的煩熱。

刨冰也是大夥來此的主嗜，其中「**樣仔青冰**」（醃的生芒果片），有朋自美國返，請他一嘗，令他立時憶起了童年。

「莉莉」的水果進貨量既大又善於選覓，致我們食客總能吃到佳品。某次在台北和平東路等公車，見人家牆頭一株結得累累的土芭樂樹，一顆顆皆小而圓飽並熟至呈白色，不禁遐想：若有老牌子的大水果店如莉莉，能接受與收購有些尋常人家自己院樹上悉心摘下的土芭樂，在店售賣，即使不免高價，那麼我們客人便偶爾也能嘗到舊日這種珍味，那會多好！甚至拎一籃土芭樂去探望老人，一進門，他嗅到這種幾十年也聞不到的舊日香味，你看看，他有多感動！

二〇〇六年五月八日

地點：台南市府前路一段一九九號
電話：(06) 213-7522
時間：上午十一時至晚上十一時
休假：無休

六二、台南肉伯火雞肉飯

台南雖稱台灣小吃的原鄉，然虱目魚肚、魚丸太像嘗鮮，不似正餐；碗粿、粽子也太有塡飢之效，當飯吃，似嫌單調；擔仔麵，量太少，是極佳的下午點心，當飯，不夠，若多點一些小菜，往往益增失望。現宰牛肉湯亦太過鮮美，理應專味單一細細品嘗，也不像吃飯；故我幾十次在台南街巷東吃西嘗，雖說考察小吃，卻委實吃得辛苦，實在沒有一頓像是「吃飯」；直到前幾年，找到一家小舖子，叫上一碗飯，再加一碗湯，竟然比太多「名店」、「老店」更令我吃得舒服滿意。

這一碗飯，是**火雞肉飯**；這一碗湯，是**白菜湯**；這一家店，叫「肉伯火雞肉飯」。就在公園路氣象站對面。我一次又一次的吃，但一直以爲不必去報導；何也？

台南小吃千百家，怎會輪到它！然而且慢，此種「台南小吃」迷思，老實說，不可再有。但看多少台南名店，而今吃來不怎麼樣的，太多太多。還不如依照自己的脾胃好些。

火雞肉飯（三十元）上的雞絲，有黑肉（dark meat，指腿部）與白肉（white meat，指胸腹部），也會微有雞皮絲，再淋上雞的油汁，擱兩片醬瓜，便是一碗我慣稱的「只宜單吃、不必配菜的飯」了。

這種飯，七、八口便吃完了；它的美味關鍵在於滷汁的鮮與飯粒的鬆爽，飯上的雞絲只是嚼口上更增變化罷了。飯粒要鬆，老的「飯家」（不論是滷肉飯老店或雞肉飯老店）皆謂：米最好用舊米。多舊？好問題，約半年即可，三個月也行。由於是台灣，有溼熱之虞，兩、三年以上的米發霉機會極高，且倉儲不易，故絕無米行敢屯置老饕家或中醫食補家所謂的「陳米」。家庭不察，以爲好不容易自己家裏做一次滷肉飯或雞肉飯，當然用最好的米，像越光米，結果更不好吃，便因米質太緊又太勁也。

白菜湯（二十元）別處常製成「白菜滷」，但「肉伯」這兒只叫白菜湯。並且它也湯兮兮的，頗清，最與雞肉飯相合。熬湯用扁魚，這原是我不吃之物（一如柴魚、蝦米、魷魚、小魚乾），但它的扁魚白菜湯，並無扁魚的雜腥味，故我能吃。

它的肉羹（二十元）也好，其實像「赤肉湯」。肉是本肉，沒裹粉漿。羹亦清，芡勾得不多。至於配料是筍殼，最有老年代台灣鄉村料理之物盡其用美質。

「肉伯」的地段，恰是我最喜歡的中西區。對面有氣象站，站後巷內好景甚多，荒廢的日治時代料亭亦在其中。

西南面的中正路上五十年老書包店「永盛」，書包下擺二角，各縫一片三角形皮面，是昔年之美感記憶，好一陣子忘了經過，數月前走經，櫥窗內竟見有「李安」簽名。「肉伯」隔壁的「奉茶」，更是炎炎台南我最喜停下歇腳、喝茶的好地方。

二〇〇六年六月二十六日

地點：台南市公園路十二之二號
時間：早十時至夜八時半
休假：無休

六三、台南包成羊肉與阿堂鹹粥

台南小吃，眞是名店如林，輕易便能舉出三、五十家；但要特別挑出一家下筆，奇怪，我即使一次又一次的走訪台南，卻總感極費周章。

經過了幾番思索，其實我大概知道問題出在哪裏。且舉幾例。譬似肉燥飯，每家都相當不錯，肉皆用切的，但究竟有哪三、五家是最好的，按我看，還眞沒有。又虱目魚丸、魚肚，製店極多，大夥皆坐下便吃，但哪家選魚最用心、選那生長最慢者，對不起，沒有。有些店製香腸熟肉，有些店製米糕，有些製碗粿，皆不馬虎，但似乎誰也沒想過精益求精，只求一頓一頓往下做，做成何樣便何樣，如此而已。

今天要說的，是兩家店。早就聞名遐邇，也早被多人談過；由於這二店實在太有風格，又互相緊鄰，台南就算有太多店比它們老、比它們大，我很難不把它們先想到來談。

「包成羊肉」，賣的是**清湯羊肉**，有一點「現宰牛肉」的羊肉版之味況。即新鮮羊肉切成薄片，燙熟，盛入羊骨高湯中，端來。一百一十元。附一碟沾醬，我通常不沾，只抽醬上的薑絲來吃，與羊肉同嚼，味至美也。我也會點一碗白飯，但只吃三分之一；一面嚼羊肉，一面咬一撮白飯，微有在自己口中和成壽司的感覺。

若兩三人同去，且去得早，如六點，可以分食一碗**羊雜湯**，再加一碗**當歸羊肉**，甚至加點一盤**羊腸**，可說每一部分皆極鮮美，但最好每樣稍嘗便止，否則大清早便吃太撐，就一天皆不好玩了。

第二店便是「**阿堂鹹粥**」，緊貼著「包成羊肉」，亦是天一亮便高朋滿座。我總是點一碗**虱目魚粥**，只吃這一味，次次如此。主要它是少數當場現片新鮮虱目魚，再將這魚片燙入滾粥中，然後端到你面前。這樣的粥，最有早市的濃濃情韻，亦透露美好一天之開始。

虱目魚粥裏的蚵，如同只是配料。當然粥中的鮮香原來自各種調配物，包括油蔥等；但我倒是很想試一試純粹白粥裏燙魚片的風味，不知會不會更顯清鮮？

二〇〇六年十月十六日

地點：台南市府前路與西門路交口圓環邊
電話：【包成羊肉】(06) 213-8192
時間：上午五時至十一時（九時半後常有些部位售光）
休假：約每二周選周一或周二休息

西門路二段
永福路二段
府前路二段
府前路一段
西門路一段
永福路一段

六四、台南義成水果店

前幾天朋友請吃飯，席間與他女兒聊到：「你自小見多識廣，家中充滿著藝術品，若能全世界各地去幫你的客戶挑選古舊與新製的家具、地毯、配件，或甚至藝術品，這將來必定會是最走在時代前端的事業。」

挑選佳品的秉賦，常是任何行業致勝的關鍵。

水果亦是。台南民生路上的「義成水果店」，被譽爲「老闆最會挑水果」的一家老舖子。在這裏吃水果，不僅要吃它的繁多類品（如綜合水果切盤），更要懂得先目測、再略想，最後決定哪兩、三樣在色彩、脆度、沙綿度上最教你動心的當季單品水果。

比方說，兩個月前，西瓜很不好，我在台北幾乎吃不到西瓜。這時見「義成」櫃中西瓜色紅肉飽，便不能不叫上一盤。又常在水果攤見香瓜不知味道甜醇否，不敢下手；這會兒見櫃中削了皮的香瓜，瓜心的邊尖黃涎懸掛、肉綿欲墜，也自然要叫上一盤。

番茄，南台灣皆是要沾薑末醬油膏，頗有特色，但我多半囑免；一如西瓜木瓜旁他們自動會放的鹽、糖，我也會麻煩他們省了。

蘋果，若你很在意現削，也可煩勞老闆當場削皮，一盤端上，鮮脆過癮。這種享受，世界各地何處堪有？

是的，我真的這麼覺得。且說前兩星期某個半夜，我們幾人坐在騎樓下吃水果，酣暢之際，我突然感嘆：「便是京都有萬般的好，卻沒有這式享受！」

台灣斷不可妄自菲薄。

騎樓的開放透氣感，水果的香甜與南國零食之悠閒感，這皆是台灣最教人舒服的地方。更別說「義成」開到凌晨四點，是你喝完酒、吃完消夜，口乾舌燥，猶想進些清涼甜爽之物而竟然還能找到的這麼一個好去處呢。

此店另有一特色，是不賣刨冰。也就是，只賣水果切盤、果汁、蔬果汁，與水果外帶。這種專一性的可貴，是我最喜強調的。於是，義成是水果店，不是冰果店。

看著有一種店，工作人員一逕在洗滌瓜果，在削皮，在掏籽去核，在切，而客人埋頭在吃；單單看著，就教人賞心悅目了。又這樣的店沒有油煙，然後所售盡是健康養人之物；此種行業，絕對會是二十一世紀極可能最花稍的行業之一。而台灣，絕對極有潛力領先世界潮流，且說一例，若有這樣的店開在台北永康街，可能日本觀光客便大排長龍也不一定呢。

二〇〇六年十一月十三日

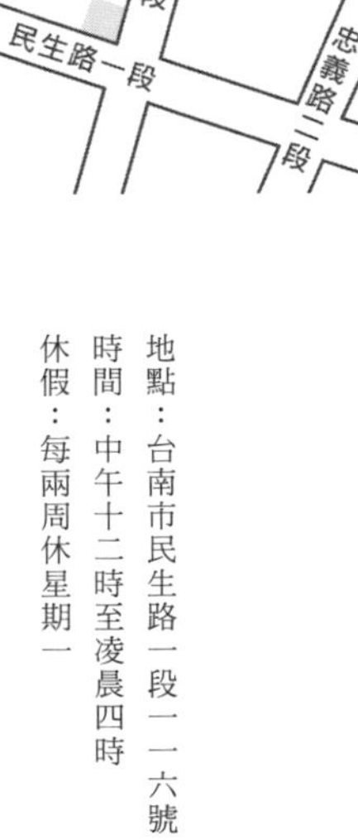

地點：台南市民生路一段一一六號
時間：中午十二時至凌晨四時
休假：每兩周休星期一

六五、台南阿村牛肉湯

台南是「現宰本地牛肉」的大本營，亦是品嘗牛肉原味、不擱調料此種優良吃法的原創地。吃慣了北部調味濃重的牛肉麵的吃客，不妨偶到台南一嘗。

最基本的一味，便是「**清燙牛肉湯**」。將牛的瘦肉部位，切成薄片，秤重，放入碗中，再去湯鍋中打一杓熱湯，便這麼把肉燙熟。客人大多以筷夾出肉片，沾醬而吃；我則純是夾肉便吃，不沾醬。再把湯喝掉。

這湯，有的店還偶擱小匙味精；但據說大多的店已不加。鹽，亦可囑店家不加，乃為了嘗牛肉湯自然攜帶的血中淺淺鹹味，或說嘗此種新鮮溫體黎明前宰下的牛肉所必然保存的高蛋白質釋放在湯裏之鮮甜。

說到這鍋湯，亦是很有講究。不少店家認定要把湯頭做到厚釃，絕不能只是擱牛大骨去熬而已；遂逐漸發展出丟入大半顆高麗菜、整條的地瓜、胡蘿蔔、洋蔥等富含根莖後蘊的蔬菜。這一來造成湯本身已有微微甜味外，亦且湯色也呈淡紅色。

台南市的資深文史工作者、本身也是精到吃家的鄭道聰先生有一次告訴我，在台南敢開「現宰牛肉」的店，由於新鮮度要求極高，一般都不大會離譜。誠哉斯言。我嘗過不少家店，皆好吃。同時，皆很像。何也？乃取決於肉之本質，而甚少烹調也。甚至有些名店還有時未必勝於不起眼的小肆；主要小肆那天的牛肉只要比較油花，便得此結果。

現在說的這家「阿村牛肉湯」，近年我吃得比較多，主要一來它在保安路，與我常活動的西南角較便利；二來它晚上十點才開，與許多天亮便開的店不同，而我比較習慣消夜才想到吃牛肉湯。

但「阿村」並不因晚上營業而致牛肉比天亮就開的店要味稍差。雖說牛殺了，三、五小時後吃它，新鮮度最高；但也有一派說法，牛殺後，放淨了血，切成大塊，平放在穩定的十度左右的冰箱內，不亂動它，令之「坐」一陣，如八小時或十小時，其蛋白質之變化，會令肉的嫩化程度更臻鮮美。

「阿村」是如何保藏其肉質之鮮度，我並不知道，但吃了幾次，肉頗鮮嫩。另有一件，我去的時間，深夜十一、二點，沒啥客人，我多半還叫一盤**牛肉炒飯**，趁清閒，特別囑店家免擱沙茶、蒜頭，味精外，還請他用最少量的油，以不大的火淺淺的炒，幾乎如同拌飯了，如此這牛肉原本的嫩與其本色原味，與飯融合，便是最美。

二〇〇七年一月一日

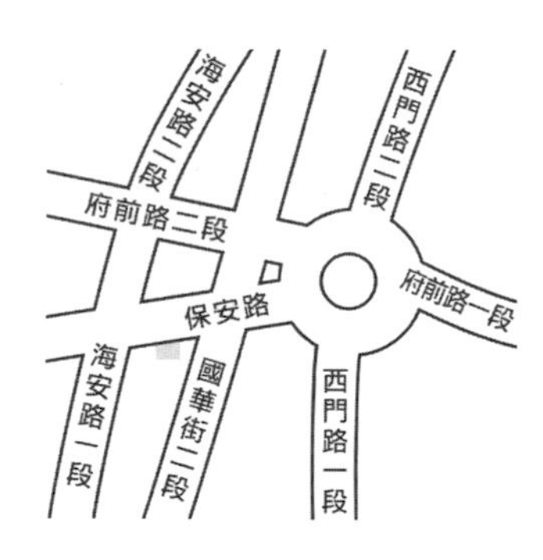

地點：台南市保安路四十一號
時間：晚上十時至次日中午
休假：不定

六六、台南阿明豬心冬粉

前幾日看了梅爾．吉勃遜的新片《阿波卡獵逃》，土人在森林中獵得野豬，隨即剖開腹腔，取出內臟，每位獵人各得一份，有的得肝，有的得心。

這種即時剖取內臟之舉，一來保鮮，一來實是獵人處置其獲物最具儀式之樂的必要動作。

動物殺了，內臟必須立刻取出，自是新鮮之慮；而此種內臟也呈顯一種珍貴的氣氛。日本遠洋漁船在海上捕得的魚，有時自己殺吃，既新鮮，則某些生魚片的沾料索性用其自身的內臟，那種微苦又略腥的黃黑泥汁，亦是一股特有風味。

我們是吃內臟的民族，今天來說一家小店，也賣內臟，店名就叫「阿明豬心冬粉」。**豬心**，質地不同於肝的粉與鬆屑，亦不同於腰的緊脆。但比較接近腰的質感；稍有點緊，也稍有點脆。

阿明的豬心，切得剛好不甚厚也不甚薄，入高湯稍燙，便嫩度恰好，其脆勁也與冬粉的質地相合，吃起來也很像點心，不像正餐（吃麵便比較像正餐）。

至若他的另一道小吃，「**豬腳麵線**」，也是頗富設計心思，賣的是麵線，不是麵，阿明不賣麵。客人點了後，阿明便將一只帶皮的豬腳以刀剖開，剔掉一根根粗細骨段，再將剔下的豬腳肉切成條，與下好的白麵線同擱一碗，澆上湯，端來。

阿明店最大的特色是，它是一家食材製成菜餚其中軌跡很清晰的店。所有的食物皆明佈在攤上，這也是我吃東西頗喜追尋的一種路數。台南無數家「現宰牛肉」，其可貴，自也是如此。

此店的湯底，由於不斷的燙心、肝、豬腳等厚味之物，自然很腴郁，故看官大可囑店家免擱味精；須知阿明的味精也是明擺在料理檯上，而不是事先偷偷擱進湯裏的。

另有一種零食，**鴨腳翅**，裝成一盅一盅的，蒸得熟透，吃在嘴裏，蹼皮皆成軟膠、唇角皆黏上一層薄膜，頗特別。居然有這麼一道小東西，故我前面說了，阿明賣的東西足見很有巧思。

事實上，你看一眼這裏的地緣便知，保安路與海安路交口，附近小吃多極了，倘若每人賣的皆差不多，那生意怎麼會不辛苦呢？

二〇〇七年三月五日

地點：台南市保安路七十二號
電話：(06) 223-3741
時間：下午六時至凌晨二時
休假：甚少休（約為農曆每月初三與十七）

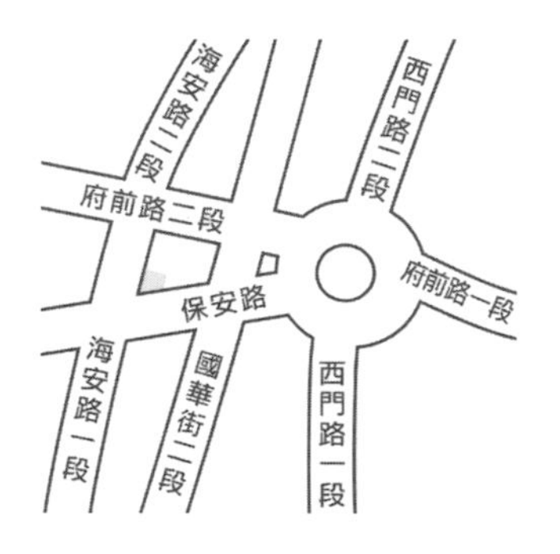

六七、屏東蔡家壽司

屏東，是飲食大師唐魯孫住過多年的城市（他曾任公賣局屏東菸廠的廠長），恰好屏東也是全台灣小吃極其出色的一個小巧城鎮。人下了火車，信步而行，太多的美味小店皆在幾分鐘的步程中。

人說肉圓彰化好，屏東亦有極好的肉圓。人說夜市三明治基隆好，屏東亦有極好三明治，亦在夜市。人說雞肉飯嘉義好，屏東的雞肉飯亦極好。人說菜粽肉粽台南好，屏東的菜粽肉粽亦極好。倘寫一本三十頁小冊子的《屏東小吃》，這個城市足可當之，我亦勉強稍能言之。

但今天先說一家七十年老店，「蔡家壽司」，只賣一樣食物，壽司。

這是一家極其簡單的小吃店，簡單到你來此坐下，只是清清淡淡的吃幾個清素至極的壽司，像是速速的點一下心；胃裏有東西，心不慌也。吃完，又忙著去幹活了。七十年，自然日治時代便已如此。昔年的壽司小舖或許提供販夫走卒最簡易卻不失雋永的快速食物，完全不是一九七零年代以來日本戰後勃興成爲經濟大國至今的「壽司吧」所賣壽司之昂貴精緻可比。也就是說，江戶、明治時代以壽司做爲庶人塡饑「飯糰」的那種壽司舖，連日本本國也幾乎找不到了。

台灣當然還有，禮失而求諸野嘛。且看不少菜市場早上賣涼麵兼賣味噌湯的小攤，常就在玻璃櫃中擱上幾排壽司。

但完完全全一家店只賣這種古風平民壽司的，「蔡家壽司」算是獨一無二。倘若你小時常吃這種壽司的話，下回來屏東，不妨到此嘗嘗。

壽司，是米飯的藝術，故自選米、泡水、蒸熟、澆醋、滔開令透氣鬆爽、置之令冷等等，一層一層皆有講究。如今懂吃壽司的行家太多了，精於選取日本新瀉等地的頂佳米飯的饕客也太多了，他們若問，「蔡家」用何種米；老實說，我回答不出來。我想還未必是「越光米」（「越」者，指越後，新瀉之古名也）之類的近年名米，但它依然好吃，嚼下去，飯與飯相鄰的黏靠度也正好。最主要的，它仍有一襲簡淨質樸的屬於舊日飯糰的生活感。若你在生活中吃它，會感到好吃；若你在美食之念中吃它，或會感到太簡。

店中所售，主要的有兩種，即**海苔壽司**與**豆皮壽司**。亦是我推薦最本質的兩味。其中海苔卷中央所夾物，蛋條、魚鬆不在話下，有一綠色餡，竟不是黃瓜，而是小白菜，甚特別，亦好吃。

另有**生魚片**與**大蝦壽司**。

但這店最教人初見便深深注目的，是它的店堂。有一種攝影機都無法抗拒的空蕩感。非常的簡淨，又極其黃舊。黃舊，多好的一個字眼，便是對等於今日台灣萬千家矢意裝潢矢意打扮卻究竟弄出何醜的最最映照出的極佳優點。台北「康樂意包子店」亦得黃舊之優。

「蔡家壽司」的舊暗畫面，很像台灣新電影（如侯孝賢）取景會喜歡的氣氛。

二〇〇六年一月二十三日

地點：屏東市民權路五十六之一號
時間：早上七時至下午二時
休假：無

分類索引

一、麵、飯與點心

二、甜食、果汁與冰

呷二嘴 114

冬瓜茶與仙草茶
師大夜市 122

甘蔗汁
水源市場 182

果汁或水果
古亭果汁吧 110
六條通喝康 206
台南莉莉 262
台南義成 274

愛玉冰
宜蘭三十元小吃 230

烤番薯
金山南路大番薯 194

麻老
新竹竹蓮街 234

麵包
惟客爾 106
淡金公路廣泰香 222
國際 206

豆花
嘉義阿娥 250

三、其他

茶
冶堂 198

精力湯
棉花田 134

國家圖書館出版品預行編目資料

台北小吃札記/舒國治著.
-- 初版.-- 臺北市：皇冠,2007〔民96〕
冊； 公分.--（皇冠叢書；第3638種）
（舒國治晃遊集；01）
ISBN 978-957-33-2325-9（平裝）
1.飲食業

483.8 96007316

皇冠叢書第 3638 種
舒國治晃遊集 01

台北小吃札記

作　　者—舒國治
發 行 人—平雲
出版發行—皇冠文化出版有限公司
台北市敦化北路120巷50號
電話◎02-27168888
郵撥帳號◎15261516號
皇冠出版社(香港)有限公司
香港上環文咸東街50號寶恒商業中心
23樓2301-3室
電話◎2529-1778　傳真◎2527-0904
照片攝影—舒國治
美術設計—黃子欽
印　　務—林佳燕
校　　對—舒國治・鮑秀珍・丁慧瑋
著作完成日期—2007年
初版一刷日期—2007年5月
初版二十刷日期—2020年4月
法律顧問—王惠光律師

讀者服務傳真專線◎02-27150507
電腦編號◎507001
ISBN◎978-957-33-2325-9
Printed in Taiwan
本書定價◎新台幣280元/港幣93元